Mona Arabseifi
Maryam Omidi Najafabadi

Fertilizantes biológicos; obstáculos e desafios

Mona Arabseifi
Maryam Omidi Najafabadi

Fertilizantes biológicos; obstáculos e desafios

ScienciaScripts

Imprint
Any brand names and product names mentioned in this book are subject to trademark, brand or patent protection and are trademarks or registered trademarks of their respective holders. The use of brand names, product names, common names, trade names, product descriptions etc. even without a particular marking in this work is in no way to be construed to mean that such names may be regarded as unrestricted in respect of trademark and brand protection legislation and could thus be used by anyone.

Cover image: www.ingimage.com

This book is a translation from the original published under ISBN 978-3-659-83332-8.

Publisher:
Sciencia Scripts
is a trademark of
Dodo Books Indian Ocean Ltd. and OmniScriptum S.R.L publishing group

120 High Road, East Finchley, London, N2 9ED, United Kingdom
Str. Armeneasca 28/1, office 1, Chisinau MD-2012, Republic of Moldova, Europe
Managing Directors: Ieva Konstantinova, Victoria Ursu
info@omniscriptum.com

Printed at: see last page
ISBN: 978-620-8-37233-0

ÍNDICE DE CONTEÚDOS

Resumo

Para alcançar um desenvolvimento sustentável na agricultura e identificar os objectivos e políticas previstos no sentido de alcançar uma agricultura sustentável, é necessário utilizar abordagens sustentáveis para suprir as necessidades de nutrientes das plantas através de organismos vivos que habitam no solo e a utilização de fertilizantes biológicos pode ser uma solução eficaz para este fim. Este estudo tem como objetivo analisar as barreiras à aplicação de fertilizantes biológicos na cidade de Shirvan Chardavol, na província de Ilam, do ponto de vista dos agricultores. A população de investigação foi constituída por agricultores (N=1500), tendo o alvo (n=501) sido selecionado através da fórmula de Cochran e do método proporcional estratificado. Os instrumentos de recolha de dados foram um questionário e, neste estudo, foram efectuadas entrevistas. A validade e a fiabilidade foram confirmadas pelos professores conselheiros utilizando os coeficientes alfa de Cronbach, que variaram entre 92% e 78%, e foram confirmadas utilizando o software SPSS 16. Para identificar as barreiras à aplicação de fertilizantes biológicos na cidade de Shirvan Chardavol, na província de Ilam, do ponto de vista dos agricultores, foi utilizada a análise fatorial. Os resultados da investigação mostraram que as variáveis incluíam seis factores preventivos (barreiras educativas, psicológicas, políticas e sociais, económicas e ambientais) e que estes seis factores representavam cerca de 50,15% da variância das barreiras à aplicação de adubos biológicos em Shirvan Chardavol, cidade da província de Ilam, do ponto de vista dos agricultores.

Palavras-chave: Fertilizantes Biológicos, Agricultores, Barreiras.

Capítulo 1

Declaração do problema

1- 1. Introdução

Após a revolução verde e a produção de factores de produção como sementes modificadas, fertilizantes e tóxicos químicos e a sua introdução no mercado consumidor, a motivação dos agricultores para os utilizarem e a proteção total desses factores de produção e da sua rentabilidade a curto prazo, esses factores de produção foram rapidamente adoptados pelos agricultores e utilizados em grande escala. Por outro lado, o trator e outras máquinas agrícolas ajudaram os agricultores. Estas ferramentas, juntamente com outros factores, melhoraram o nível de produção (Baghaei *et. al.,* 2008). Mas a falta de conhecimentos técnicos e adequados resultou numa utilização insuficiente destes factores de produção. Como tal, os dados actuais mostram que o consumo excessivo de alguns factores de produção não conseguiu aumentar a produção, tendo, pelo contrário, provocado uma redução da produção (Omani, 2001). A este respeito, as principais preocupações nos relatórios globais estão relacionadas com a redução rápida e grave dos recursos agrícolas básicos (água e solo) através da erosão do solo, da salinidade da terra, da florestação, da extinção de ervas e animais e da poluição ambiental. As principais causas devem-se à utilização intensiva de pesticidas e fertilizantes químicos (Chaharsooghi Amin *et al.,* 2007). O consumo de fertilizantes químicos com as suas consequências ambientais subsequentes, bem como a grande dependência de recursos energéticos não renováveis, não têm estado de acordo com os conceitos de sustentabilidade agrícola. No entanto, se quisermos seguir as recentes políticas de produção alimentar global e preservar os recursos agrícolas, especialmente o solo para as gerações futuras, somos obrigados a reduzir o consumo de fertilizantes químicos e a utilizar mais fertilizantes biológicos. A presente investigação procura introduzir os fertilizantes biológicos e considerar os obstáculos à sua aplicação na perspetiva dos agricultores do município de Shirvan Chardavol, Ilam (Irão).

1- 2. Declaração do problema

[st]Atualmente, prevê-se que, durante o século XXI, as alterações naturais do solo tenham ocorrido raramente, mas as alterações devidas às actividades humanas são extensas, sobretudo negativas e incontroláveis (Urushadaze, 2002). Entretanto, um estudo realizado na América Central mostrou que mais de 80% das terras agrícolas apresentavam algum sintoma de degradação. das terras agrícolas apresentavam algum sintoma de deterioração do solo devido à atividade humana (Baghaei *et al.,* 2008). De acordo com a teoria de Bennett, em condições normais, são necessários cerca de 300 anos para formar um solo de 25 mm.

A rápida erosão do solo é um dos principais problemas com que o homem se confronta desde os primeiros dias de cultivo da terra. É considerada uma das principais preocupações ambientais actuais. De acordo com as estimativas, cerca de milhões de hectares de terras agrícolas foram danificados devido à erosão anual dos solos. Com base nesta estimativa, prevê-se que, até 2020, um terço a um quinto das terras agrícolas fiquem estéreis ou inutilizadas devido à erosão dos solos (Bita, 2012). Atualmente, a erosão dos solos é considerada um perigo para o bem-estar e a vida das pessoas.

Nas regiões em que a erosão do solo não é controlada, os solos sofrem uma erosão progressiva e perdem a sua fertilidade. A erosão, para além de causar o empobrecimento do solo e o abandono dos campos, provoca enormes perdas devido à precipitação de material em canais, reservatórios de barragens, portos e à redução da sua capacidade de reserva (Karim pour, 2003).

Nos Estados Unidos e na maioria das regiões áridas e semi-áridas, a erosão do solo é atualmente considerada um desafio e, em alguns países de clima temperado, como a Inglaterra, a Bélgica e a Alemanha, é considerada um problema perigoso (Babaei, 2009).

De acordo com estudos realizados, a erosão do solo é mais comum e tangível em alguns países em desenvolvimento, como tal; perto de 1/8000 milhões de Hectare das suas terras agrícolas nos países em desenvolvimento devido a várias formas de erosão do solo por causa da baixa eficiência (Nabhan *et. al.,* 2007).

O Irão situa-se numa região árida e semi-árida, pelo que a utilização de recursos hídricos e edáficos limitados é considerada a questão agrícola mais importante. (Asgharzadeh *et. al.*, 2004). De acordo com o relatório económico do Irão (2010), a erosão global do solo foi estimada em 26 mil milhões de toneladas, com uma quota do Irão de cerca de 2 mil milhões de toneladas.

Em 2000, no que respeita à prioridade potencial e às restrições dos recursos do solo, a FAO classificou 160 países do mundo. O Irão foi classificado na posição 152, o que sugere uma grande restrição dos recursos do solo neste país. Neste contexto, foi relatada a deterioração de 7/3 milhões de hectares de solo nas terras agrícolas iranianas devido a métodos inadequados de gestão do solo utilizados pelos agricultores (Bot *et al.*, 2000).

Na província de Ilam, devido à falta de vegetação adequada, a extensão da erosão do solo é muito elevada. O aumento da erosão dos solos ameaçaria seriamente os recursos naturais da província, enquanto que, se não for feito um planeamento adequado para evitar a erosão, as terras férteis da província serão confrontadas com a falta de recursos naturais e de vegetação num futuro próximo. A erosão total do solo na província é de cerca de 47 milhões de toneladas, o que equivale à destruição de 10.000 hectares de terras agrícolas. Além disso, a erosão do solo causou uma deficiência de vegetação (Iran Newspaper, 2006).

Por outras palavras, são produzidos e consumidos anualmente mais de 400 milhões de toneladas de fertilizantes químicos. No Irão, mais de 4/5 milhões de toneladas são distribuídas anualmente entre os agricultores de forma subsidiária.

Os profissionais da agricultura acreditam que o uso real de fertilizantes é mais do dobro do valor acima mencionado, devido ao baixo custo e à falta de conhecimento dos agricultores sobre os resultados não óptimos do consumo de fertilizantes químicos, o seu uso tem uma tendência anual ascendente (Abdoli, 2005).

Independentemente dos seus benefícios para a fertilidade do solo e para o aumento dos produtos agrícolas, a sua utilização excessiva e não científica resultou na perda de qualidade e no insucesso do desempenho dos solos agrícolas, reduzindo finalmente o crescimento dos produtos agrícolas e das plantas. O enorme consumo de fertilizantes químicos causou a penetração de poluentes venenosos e perigosos, por exemplo, chumbo e cádmio, no solo (Nasir, 2009). Outras desvantagens incluem a redução da retenção de água no solo, o aumento da erosão do solo, a redução da resistência das plantas e dos produtos agrícolas contra as pragas (Eghbaled e Dehsari, 2005).

Entre as principais preocupações mencionadas nos recentes relatórios locais, algumas estão relacionadas com a grave e rápida redução dos recursos agrícolas essenciais, através da erosão dos solos, da salinidade das terras, da poluição ambiental e da extinção de várias espécies. A principal razão é a utilização intensiva de pesticidas e fertilizantes químicos para melhorar a produção.

Um dos problemas agrícolas actuais é a fraqueza dos métodos de gestão dos solos agrícolas e a ineficiência económica das unidades de exploração. A falta de exploração está principalmente relacionada com o baixo nível de conhecimento, visão e competências técnicas dos agricultores, especialmente no que respeita aos microexploradores que constituem uma grande parte dos agricultores (Ghasemi *et. al.*, 2011).

Para reduzir as perdas, os produtores da Ilamic utilizam adubos químicos em doses elevadas e de forma repetida, cuja parte restante é obviamente sentida nos produtos agrícolas com problemas subsequentes.

Com respeito a este facto, o desenvolvimento e extensão do uso de fertilizantes biológicos é obrigatório para a organização agrícola, avaliando as percepções e requisitos dos produtores, esta organização, poderia responder aos pré-requisitos e fornecer uma oportunidade para mover os produtores para a produção de produtos orgânicos. A este respeito, foi realizada nesta província uma proposta de investigação baseada na utilização de fertilizantes biológicos em vez de químicos. No entanto, os relatórios da organização agrícola da província de Ilam sugerem que a maioria dos agricultores utiliza fertilizantes químicos em grande medida e não mostra um interesse considerável pelos fertilizantes biológicos (Hamshahri News paper, 2011).

Por conseguinte, nesta investigação, o principal problema é o facto de os agricultores terem um conhecimento perfeito de uma grande quantidade de desvantagens dos fertilizantes químicos, mas continuarem a aplicá-los.

Esta investigação procura responder à seguinte questão: quais são os principais obstáculos à aplicação de fertilizantes biológicos nos agricultores da província de Ilam?

1- 3. Importância do estudo

Atualmente, os estudiosos dividiram os recursos naturais em três classes: recursos sustentáveis, renováveis e não renováveis.

Nesta base, a energia eólica e solar são consideradas como recursos sustentáveis, a água e o solo como renováveis e os combustíveis fósseis, as minas de ouro, cobre, etc. como não renováveis. Por conseguinte, o solo não é um recurso natural sustentável, mas sim renovável. Por outras palavras, se o solo for explorado corretamente, é possível utilizá-lo de forma sustentável e permanente (Kiyani Haftlong e Rahimi, 2011).

O solo é um dos recursos naturais mais essenciais que garante o crescimento das plantas e satisfaz mais de 97% das necessidades globais de nutrientes. A camada superior do solo, com 6-8 cm de profundidade, é o principal fator de produção das actividades agrícolas. O aumento da procura de alimentos e de biomassa é acompanhado pela escassez de solos agrícolas. Nas últimas décadas, este valioso recurso natural foi esgotado por factores humanos (desflorestação, pastoreio excessivo e má gestão das terras) e naturais (erosão eólica e hídrica), pelo que o seu valor diminuiu (Aghelei Kohnehashahri & Sadeghi, 2005).

A erosão do solo impede o desenvolvimento agrícola por vários meios, incluindo o aumento da pobreza das famílias de agricultores com baixos rendimentos através da redução do seu desempenho e rendimento, a precipitação nos cursos de água e a redução do desempenho dos sistemas de cultivo de água (Tarshizi & Salami, 2007).

Por conseguinte, uma gestão adequada é de especial importância para a exploração e a sustentabilidade (Lenssen *et al.,* 2007).

Parece necessário implementar a lei de conservação do solo no que diz respeito ao progresso em direção a uma agricultura sustentável, à falta de redistribuição de recursos para a geração atual, à reserva da qualidade e da quantidade de insumos do solo como o leito mais importante para produzir produtos agrícolas e inibidor da imigração rural (Tarshizi & Salami, 2007).

É de referir que, no que diz respeito à necessidade de fornecer elementos nutritivos ao solo e às plantas agrícolas, estes elementos devem ser fornecidos de uma forma que, para além de suprir as necessidades agrícolas, evite a perda de recursos e a sua contaminação. Os relatórios disponíveis mostram que 2/3 do azoto mineral consumido nos sistemas agrícolas se perderam devido à drenagem, sublimação, fluxo de água e erosão. Esta situação resultou na intensidade dos efeitos de estufa, na contaminação das águas subterrâneas com nitratos e na redução da eficiência económica dos sistemas agrícolas. A aplicação contínua de fertilizantes fosfatados resultou no aumento do cádmio nos solos agrícolas (Eshghizadeh, 2007).

A aplicação de recursos e factores de produção renováveis é considerada como um dos princípios fundamentais da agricultura sustentável, que resulta numa otimização máxima da agricultura e na redução dos riscos ambientais. O acesso a um desempenho ótimo e a redução dos riscos dependem da aplicação de novos procedimentos agrícolas. Entre eles, podemos referir o consumo de fertilizantes biológicos. Os adubos biológicos são microrganismos fúngicos e bacterianos que, para além da estabilização biológica do azoto e da solução do fósforo do solo (especialmente em regiões com elevada concentração de cálcio no solo), ao produzirem valores consideráveis de hormonas estimulantes do crescimento, principalmente vários tipos de Oxina, Jeeberlin e Citocinina, afectariam o desempenho e a vegetação das plantas agrícolas, bem como as caraterísticas do solo. Atualmente, os fertilizantes biológicos têm sido utilizados como alternativa ou suplemento aos produtos químicos, a fim de assegurar a estabilidade da produção nos sistemas agrícolas (Eydizadeh *et al.,* 2011).

Em comparação com os fertilizantes biológicos, os fertilizantes químicos têm muitos benefícios ambientais e económicos. Para além da rentabilidade, provocam a estabilidade dos recursos do solo, a produtividade a longo prazo e a prevenção da contaminação ambiental. Por outro lado, a produção de alimentos de alta qualidade, os produtos dos adubos biológicos, não só satisfazem os clientes, como também, proporcionam e garantem a sua saúde física. Vivolet e Portgal (2006) acreditam que, em sistemas agrícolas sustentáveis, a aplicação de fertilizantes biológicos é de grande importância para aumentar a produção e conservar a fertilidade sustentável do solo. As bactérias estimulantes do crescimento das plantas são consideradas como os fertilizantes biológicos mais importantes.

Hoje em dia, presta-se especial atenção à importância dos fertilizantes biológicos não só por suprirem as necessidades das plantas, mas também pela sua aplicação sem qualquer dano para o ambiente, melhorando também a qualidade dos produtos agrícolas e, consequentemente, a saúde dos consumidores (Qorbani, 2007). De acordo com Chen (2006), os fertilizantes biológicos têm a capacidade de mudar os principais elementos alimentares de inacessíveis (indisponíveis) para acessíveis (disponíveis) durante os processos biológicos que resultam no desenvolvimento do sistema radicular e numa melhor germinação.

Obviamente, para alcançar um desenvolvimento sustentável na agricultura e atingir os objectivos e políticas previstos a este respeito, é necessário utilizar procedimentos adequados para suprir as necessidades alimentares das plantas através da ajuda de organismos vivos do solo e a aplicação de fertilizantes biológicos pode ser um procedimento eficaz. Embora o principal objetivo do consumo de fertilizantes biológicos seja melhorar a fertilidade do solo e suprir as necessidades alimentares das plantas, é indubitável que eles têm efeitos óptimos na planta e no solo (Saiydi *et al.*, 2010). Com 1,7 milhões de hectares de bosques e pastagens e 250 000 hectares de terras aráveis, a província de Ilam é considerada um dos principais pólos de cultivo. A subsistência de cerca de 44% de uma população de 600 000 habitantes é assegurada ou afetada por actividades agrícolas, tendo em conta a diversidade das actividades agrícolas e pecuárias devido às diferentes condições climáticas e geográficas, aos bosques e às pastagens ideais, à considerável capacidade de criação e avicultura e à possibilidade de produzir indústrias dependentes, a província de Ilam tem uma excelente situação para investir no sector agrícola e industrial (Bita, 2012).

A este respeito, a ocupação provincial está concentrada no sector agrícola e, nos últimos anos, foi dada especial atenção à utilização de fertilizantes biológicos, principalmente nos arrozais. Como tal, os relatórios mostraram que a maior eficácia do fertilizante biológico fosfato está relacionada com a província de Ilam em 2006 (mais de 57%). Com base nas estatísticas da organização agrícola da província de Ilam, foram produzidas cerca de 12931 toneladas de arroz durante 2006-2007, 9878 toneladas em Shirvan Chardavol (Sirvan), o que significa que cerca de 71% é produzido nesta região (Jamshidi *et al.*, 2010).

No que diz respeito à importância dos fertilizantes biológicos na agricultura sustentável, esta investigação, ao analisar os fertilizantes biológicos e o seu estado na província de Ilam, e ao recordar os benefícios das tentativas de considerar o seu papel eficaz na proteção do ambiente e da saúde humana, também os obstáculos à sua utilização na perceção dos agricultores.

1- 4. Objectivos da investigação

1- 4-1. Objetivo geral

O objetivo geral desta investigação é identificar os obstáculos à aplicação de fertilizantes biológicos na opinião dos agricultores da cidade de Shirvan Chardavol, em Ilam.

1- 4-2. Objetivo específico

No que diz respeito ao objetivo principal, foram considerados os seguintes objectivos específicos

1. Identificação das caraterísticas únicas dos agricultores da província de Ilam.

2. Identificação dos obstáculos económicos à aplicação de fertilizantes biológicos na perspetiva dos agricultores da província de Ilam.

3. Identificação de barreiras culturais à aplicação de fertilizantes biológicos na perspetiva dos agricultores da província de Ilam.

4. Identificação de barreiras sociais à aplicação de fertilizantes biológicos na perspetiva dos agricultores da província de Ilam.

5. Identificação de barreiras educativo-extensionais à aplicação de fertilizantes biológicos na perspetiva dos agricultores da província de Ilam.

6. Identificação das barreiras políticas à aplicação de fertilizantes biológicos na perspetiva dos agricultores da província de Ilam.

7. Identificação de barreiras ambientais à aplicação de fertilizantes biológicos na perspetiva dos agricultores da província de Ilam.

8. Identificação das barreiras de comercialização à aplicação de fertilizantes biológicos na perspetiva dos agricultores da província de Ilam.

9. Identificação de barreiras psicológicas à aplicação de fertilizantes biológicos na perspetiva dos agricultores da província de Ilam.

1- 5. Áreas de estudo

1- 5-1. Áreas de estudo

Esta investigação procura identificar os obstáculos (económicos, culturais, sociais, educativos-extensionais, políticos, ambientais, psicológicos e de marketing) à aplicação de fertilizantes biológicos na opinião dos agricultores de Shirvan Chardavol, Ilam.

1- 5-2. Áreas espaciais de estudo

Shirvan Chardavol (Sirvan) situa-se na parte norte da província de Ilam, entre 47'31″ e 46'18″ de longitude leste e 34'5″ e 33'28″ de latitude norte, com uma área de cerca de 2298 km^2 . Dado que a área da província de Ilam é de 19054 km^2 , este município representava 11,9% da totalidade das terras da província. Relativamente à sua localização relativa, pode dizer-se que, a partir da face norte, se limita à província de Kermanshah, a partir da parte leste e sudeste à província de Lorestan, a partir da parte sul e sudoeste à cidade de Darehshahr e a partir da parte oeste e noroeste às cidades de

Ilam e Eyvan. De acordo com o último recenseamento de 2006, este município tem 3 distritos (Chardavol ou distrito central, Shirvan e Holeiylan), 8 vilas, 2 centros urbanos, 235 áreas povoadas e 5 aldeias evacuadas.

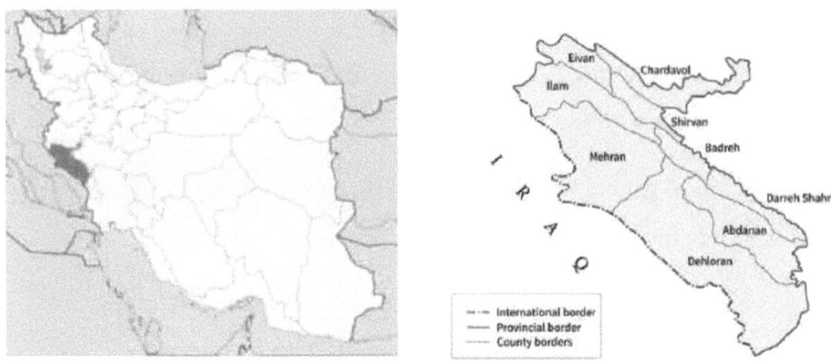

Gráfico 1-1: Mapa da província de Ilam

1- 5-3. Estudo da duração da investigação

Para atingir os objectivos da investigação, estima-se que seja necessário pelo menos um ano para realizar esta investigação em 2011-2012.

1- 6. Limitações do estudo

1. Acesso limitado aos respectivos recursos de estudo e investigação.
2. Acesso limitado à população estatística da investigação.
3. Falta de cooperação dos inquiridos para responder às perguntas da investigação.

1-7. Definições operacionais

Fertilizante Biológico

Atualmente, os fertilizantes biológicos têm sido mencionados como uma alternativa aos produtos químicos, a fim de aumentar a fertilidade do solo para produzir produtos agrícolas sustentáveis. Na verdade, os fertilizantes biológicos consistem em microrganismos transportados pelo ar com a capacidade de alterar os principais elementos alimentares para formas acessíveis através de processos biológicos, o que resulta no desenvolvimento do sistema radicular e numa melhor germinação

(Koochaki *et al.*, 2008). Neste caso, o fertilizante biológico é o fertilizante Barvar-2 em campos de arroz. O arroz local é um dos produtos agrícolas mais importantes da província de Ilam, popularizado entre a população nativa. Depois do trigo, o cultivo do arroz é priorizado como segunda cultura, o que faz com que a produtividade e a produção do solo aumentem.

Agricultores

O agricultor é um indivíduo que planta vários produtos utilizando a água, a terra e os dons celestiais para garantir a subsistência do seu agregado familiar através da troca de produtos. Ao tolerar as dores e as catástrofes naturais e sociais, tenta cultivar vários produtos (Bita, 2012). Aqui, agricultor significa os indivíduos que cultivam arroz em Shirvan Chardavol a tempo inteiro.

Barreiras

No léxico Dehkhoda, barreiras significa inibidores (Bita, 2012). Aqui, as barreiras significam obstáculos económicos, socioculturais, educacionais, psicológicos, políticos, de marketing e ambientais à aplicação de fertilizantes biológicos, na opinião dos agricultores da província de Ilam.

1-8. Etapas da investigação

Esta investigação segue uma lógica metodológica e a sua tendência lógica para atingir o objetivo principal da investigação é a seguinte:

	Declaração do problema
Plano de investigação	Importância do estudo
	Questões e objectivos da investigação
	Contexto da investigação e suas limitações
	Consideração do contexto teórico
Modelo exploratório	Entrevista exploratória e visita
	Encontros com profissionais e académicos
	Revisão de textos estudados
Modelo teórico	Clarificação do quadro teórico no contexto do modelo
	Criar hipóteses
Modelo analítico	Relação entre conceitos e dados que produzem conceitos
	Objetivo, critérios e opções de tomada de decisão
	Medição das variáveis de investigação
Modelo de campo	Planeamento dos instrumentos de recolha de dados
	Recolha de dados
	Dados informáticos
Modelo condicional	Medição da relação entre variáveis
	Processo de análise hierárquica

Capítulo 2

Revisão da literatura

2- 1. Introdução

Nos últimos anos, com a intensificação da deterioração dos ecossistemas naturais, especialmente dos agro-ecossistemas, tem-se enfatizado a necessidade de planeamento para um equilíbrio sustentável, ou seja, as perdas ambientais e os problemas decorrentes do uso irracional dos recursos naturais, principalmente do solo, devido às funções agrícolas modernas (contaminação da água e do ambiente ou erosão do solo) obrigaram os estudiosos a encontrar soluções, pelo que se abordou a agricultura sustentável. Na agricultura sustentável, a melhoria e a conservação da fertilidade do solo são de grande importância para suprir as necessidades alimentares da população em crescimento. A gestão adequada da fertilidade do solo levou ao fornecimento de nutrientes essenciais às plantas, melhorando assim o seu desempenho (Dehghani Moshkani *et al.,* 2011).

Como é necessário estabelecer globalmente uma produção alimentar baseada num sistema agrícola sustentável e na proteção do ambiente, uma forma de manter o ambiente saudável é reduzir o consumo de tóxicos e fertilizantes químicos e substituí-los por métodos biológicos. Os fertilizantes biológicos são considerados como uma alternativa aos químicos com o objetivo de aumentar a fertilidade do solo e produzir produtos através de um sistema agrícola sustentável (Fallahi *et al.,* 2009).

No que diz respeito ao tema da tese, à especificação dos tópicos e à revisão da literatura, esta investigação é apresentada em quatro secções distintas intituladas "conceitos", "fertilizantes biológicos", "barreiras à utilização de fertilizantes biológicos" e "antecedentes da investigação". Na primeira parte, foram abordados temas como definições e pontos de vista sobre desenvolvimento, desenvolvimento agrícola, desenvolvimento sustentável e agricultura sustentável. De seguida, é apresentada a segunda parte com o título principal "fertilizantes biológicos e agricultura sustentável". Esta secção abordou temas como a biotecnologia, os fertilizantes biológicos, os vários tipos de fertilizantes biológicos e a situação dos fertilizantes biológicos na agricultura iraniana, bem como os benefícios e problemas da utilização destes fertilizantes. A terceira secção, "Barreiras à utilização de fertilizantes biológicos", aborda vários temas, como as barreiras culturais, sociais, ambientais, económicas, políticas, psicológicas, de marketing e educativas à aplicação de fertilizantes biológicos. Na quarta secção, foram apresentadas as investigações internas e externas sobre os temas acima referidos e, por fim, é apresentado o modelo teórico da investigação.

1ª secção

Conceitos

2- 2. o significado do desenvolvimento

Um grande número de académicos falou de desenvolvimento. Dehkhoda definiu-o como expansão e amplitude. Hoje em dia, no mundo dos problemas socioeconómicos, políticos e culturais, o desenvolvimento tem um significado mais complexo. Em todos os aspectos, há um ponto mútuo e estável, ou seja, o papel humano como ator do cenário do desenvolvimento (Saboohie, *et al.*, 2010).

O termo desenvolvimento implicava conceitos e pistas relacionados com o desenvolvimento, a expansão, o crescimento, a extensão da superfície, alargando também o domínio das actividades. Aqui, desenvolvimento significa progressão para atingir objectivos pré-determinados (Shahbazi, 2004). A este respeito, Zamanipoor definiu o desenvolvimento como melhoria ou progressão e, ao equiparar o termo desenvolvimento, referiu que o desenvolvimento não é sinónimo de crescimento económico, ao contrário do crescimento que apenas considera os aspectos quantitativos, o desenvolvimento é considerado qualitativo (Mohammadi, 2010). Num conceito mais abrangente, Misceral (citado de Meril Jackson) escreveu que, como conceito eminente, o desenvolvimento é a realização humana e um fenómeno multidisciplinar e é considerado como uma ideologia. É considerado como realização humana, porque, em conteúdo e aspeto, tem coordenação cultural e sugeriu evolução orgânica. O principal objetivo do desenvolvimento é criar uma vida frutuosa e rica definida pela cultura. Por conseguinte, o desenvolvimento significa "aumentar a realização humana dos seus valores culturais".

Esta concetualização enfatizou os seguintes significados:

Em primeiro lugar: O desenvolvimento é um processo e não um estado estático. Em segundo lugar: este processo está relacionado com valores. Em terceiro lugar, trata-se de valores populares que não pertencem nem ao mundo ocidental nem a outro mundo (Shahbazi, 2004).

2- 3. Conceitos e definições de desenvolvimento agrícola

Tal como a maioria dos conceitos sociais, não há consenso quanto à definição de desenvolvimento agrícola. Alguns reconhecem-no como uma transição da agricultura tradicional e outros definem-no como um processo e, durante este processo, a situação socioeconómica da maioria é melhorada gradualmente (Chaharsoghie Amin, 2006).

O desenvolvimento agrícola é o resultado de uma sequência de actividades planeadas coordenadas e relacionadas, a fim de implementar mudanças e evoluções óptimas para expandir situações, domínios de atividade, assuntos, melhorando também o desempenho no contexto do programa de desenvolvimento socioeconómico das sociedades (Mohammadi, 2010).

Citando Robert Stevens, Zaminpour definiu o desenvolvimento agrícola como a introdução de mudanças no sector agrícola, uma vez que essas mudanças desequilibram a agricultura tradicional, a fim de alcançar um crescimento mais rápido da produção agrícola e aumentar o rendimento dos agricultores.

Nesse processo de mudança, ele mencionou 4 factores principais, incluindo: mudanças tecnológicas, mudanças institucionais e organizacionais, investimento na formação humana e investimento na investigação e extensão agrícolas, a fim de facilitar as mudanças tecnológicas e institucionais (Zamanipoot, 2008).

2- 4. Conceitos e definições de desenvolvimento sustentável

Com base na definição do léxico, a sustentabilidade refere-se à tentativa sustentável de preservar a capacidade, a sobrevivência e evitar a extinção (Mohammad, 2010). A sustentabilidade tem conceitos diferentes em diferentes pontos de vista. Assim, os economistas enfatizam o crescimento económico contínuo e sustentável, o consumo de produtos alimentares e de nutrientes (Shahram, 2000). Num conceito expansivo, o termo desenvolvimento sustentável significa uma gestão e exploração adequadas e eficientes dos recursos humanos e financeiros básicos, a fim de alcançar um padrão de consumo ótimo, com a aplicação técnica de estruturas e disposições adequadas para satisfazer as necessidades da geração atual e futura de forma contínua e óptima (Sharifi *et al.,* 2010).

Citando Spencer e Ihai (1993), Zarabi *et al.,* (2011) definiram a sustentabilidade como uma gestão eficiente dos recursos no sector agrícola, a fim de satisfazer as necessidades humanas, preservar e melhorar a qualidade ambiental e proteger os recursos naturais. Sem dúvida, o conceito de sustentabilidade foi cunhado no âmbito dos recursos renováveis, como as madeiras e os recursos marinhos, e depois aplicado como um slogan generalizado para os movimentos ambientais (Quingaisa, 2007).

O desenvolvimento sustentável é um conceito alargado e multidimensional. Procura garantir a estabilidade e a fiabilidade a longo prazo da ecologia socioeconómica e ambiental de um sistema. Em macroescala, este sistema é um Estado e, em microescala, é uma pequena comunidade, como um campo (Worthley *et al.,* 2008). Por conseguinte, a Comissão Mundial para o Ambiente e o Desenvolvimento das Nações Unidas introduziu diferentes definições de desenvolvimento sustentável, referidas a seguir (Daneshvar et al., 2009).

- O desenvolvimento sustentável refere-se a mudanças básicas na exploração dos recursos, no investimento e no desenvolvimento tecnológico. Essas mudanças ocorreram de forma coordenada e tiveram em conta os recursos actuais e futuros para satisfazer as necessidades humanas.

- O desenvolvimento sustentável é um padrão social e uma mudança de estrutura económica em que os factores económicos foram optimizados e os benefícios actuais serão obtidos sem comprometer os benefícios futuros.

- O desenvolvimento sustentável é um tipo de mudança na visão económica de forma a estabilizar os benefícios principais e naturais. Neste caso, para além de ter fins e objectivos socioeconómicos, os recursos ambientais são estabilizados.

A Organização das Nações Unidas para a Alimentação e a Agricultura (FAO[1]) definiu o desenvolvimento sustentável como a proteção e a gestão dos recursos naturais. A orientação funcional e tecnológica para a satisfação das necessidades da geração atual e futura. No sector agrícola, o desenvolvimento sustentável tem por objetivo preservar a água e o solo, bem como os recursos genéticos das plantas e dos animais. Com base nesta definição, o desenvolvimento sustentável do ponto de vista ambiental é não destrutivo, ecológico, adaptável e sócio-económico, sustentável e generalizado (Rajendran, 2004).

Citado por Emadi e Abbasi, Chaharsooghi Amin (2002) afirmou que, para alcançar o desenvolvimento sustentável, a nível nacional e internacional, os planos de desenvolvimento devem ser:

1. Ambientalmente sustentável,

2. Economicamente eficaz e produtiva, 3.socialmente equitativa e justa e 4.culturalmente adaptável. A base principal de uma organização sustentável é a semelhança nos contextos económico, político e ecológico. Para além da interdependência, estas bases actuariam de forma incontrária e contribuiriam para a insustentabilidade de uma sociedade. Além disso, o princípio ótimo do desenvolvimento sustentável procura estabelecer estratégias e meios para responder aos cinco desafios de forma abrangente:

- integração da proteção e do desenvolvimento
- a satisfação das necessidades humanas essenciais
- alcançar a justiça social

---

[1] Organização das Nações Unidas para a Alimentação e a Agricultura

- facilidades para a autonomia social e a diversidade cultural

- conservação da consolidação ecológica

Os desafios supramencionados estão inter-relacionados e são condição prévia uns dos outros (Chaharsooghi Amin, 2006).

De um modo geral, de acordo com a teoria representada em nome do plano ambiental, o conceito de desenvolvimento sustentável contém os seguintes aspectos:

- Ajudar os pobres, porque eles não têm outra alternativa, exceto a destruição do ambiente.

- Relativamente à ideologia do autodesenvolvimento no quadro das limitações dos recursos naturais.

- Eficácia do desenvolvimento através da aplicação de caraterísticas económicas não tradicionais.

- No que respeita a temas tão importantes como a tecnologia adequada, a saúde, a higiene, a habitação para todos e

- A centralidade pública e a compreensão do facto de que a motivação da centralidade pública é considerada uma necessidade (Shahram, 2000).

2- 5. Conceitos e definições de agricultura sustentável

Como a maioria dos termos disponíveis na literatura sobre desenvolvimento, a agricultura sustentável tem várias definições. O termo sustentável significa a capacidade de repetição a longo prazo sem qualquer perda ou defeito. Agri significa terra e cultura, vida ativa, ou seja, um conjunto de comportamentos que ajudam um grupo de seres humanos a viver em conjunto. Por conseguinte, a agricultura sustentável ajuda uma população a viver utilizando a terra e perturbando os seus ciclos estruturais (Daneshvar *et al.*, 2009). Na definição de agricultura sustentável, dois princípios são de grande importância. Em primeiro lugar, o princípio ecológico mútuo que evoluiu no início da década de 1980 com o aparecimento dos conceitos de agricultura renovável e sustentável. Em segundo lugar, as interações comunidade-agricultura começaram em

1987 com a emergência da agricultura sustentável à escala global e continuam até hoje (Hebbar, 2007).

O Comité de Consultores Técnicos para a Investigação Agrícola Internacional (TAC/CGIAR[2]) definiu a agricultura sustentável como: a gestão bem sucedida dos recursos agrícolas para satisfazer as necessidades humanas variáveis acompanhadas da sobrevivência, da melhoria da qualidade ambiental e da proteção dos recursos naturais (Kohansal & Zaree, 2008).

O Departamento de Agricultura dos EUA definiu a agricultura sustentável como um método agrícola que protege a produtividade económica, proporciona bem-estar e qualidade ambiental, permite uma utilização óptima dos recursos naturais e, de um modo geral, fornece fibras e nutrientes eficazes e suficientes para os seres humanos (Karimian, 2000).

Karami *et al.*, (2008) definiram a agricultura sustentável como uma filosofia baseada nos objectivos humanos e na compreensão dos efeitos a longo prazo das nossas actividades sobre o ambiente e outros aspectos.

Ingram (2008) apresentou a seguinte definição: agricultura sustentável significa uma gestão bem sucedida dos recursos agrícolas para satisfazer as necessidades humanas variáveis, acompanhadas da sobrevivência, da melhoria da qualidade ambiental e da proteção dos recursos naturais.

Linda *et al.*, (2012) definiram a agricultura sustentável da seguinte forma: a agricultura sustentável centra-se na interação económica, ecológica e da cultura rural. A agricultura é sustentável quando, para além da produtividade e eficiência económica, presta especial atenção à melhoria da gestão dos recursos naturais, incluindo a ausência de poluição, a erosão dos solos, a meteorização e a validação das sociedades rurais e agrícolas, a fim de motivar as sociedades modernas a considerarem as suas actividades agrícolas como parte de um procedimento de vida eficiente e aceitável.

Das definições de sistema agrícola sustentável apresentadas pelos profissionais,

[2] Comité de Consultores Técnicos da Investigação Agrícola Internacional

podemos inferir os seguintes cinco aspectos importantes

1- A sustentabilidade qualitativa e quantitativa da utilização dos recursos no processo de desenvolvimento, praticamente o sector agrícola é uma componente deste processo.

2- A agricultura sustentável é um conceito dinâmico, porque a categoria de uso da terra, que depende das necessidades da população, está interligada à variabilidade económica global.

3- A agricultura sustentável enfatizou o equilíbrio da atividade humana, por um lado, afetada pelo comportamento social, pelo conhecimento obtido e pela tecnologia prática, por outro lado, é afetada pelos recursos de produção alimentar.

4- Uma agricultura sustentável não significa apenas a produção de alimentos para a geração atual e futura, mas também a necessidade de progredir nos aspectos fundamentais e básicos, bem como a estabilidade económica.

5- De facto, a agricultura sustentável procura alcançar um sistema de gestão que, para além da exploração lógica dos recursos de produção alimentar (solo, água, organismos vivos), evite a deterioração e a contaminação desses recursos.

De um modo geral, pode dizer-se que o conceito completo de agricultura sustentável é compreensível com uma análise sistemática de vários problemas em diferentes contextos ambientais e vários aspectos da vida humana para alcançar um sistema agrícola sustentável (Sabd, 2009).

Agricultura sustentável

2- 6. Importância da agricultura sustentável e formas de a alcançar

Além disso, a agricultura tem um papel muito importante no desenvolvimento sustentável, reduzindo a pobreza e a fome, mas a maior parte das actividades agrícolas são consideradas como ameaças à sustentabilidade a longo prazo, sendo alguns exemplos: a deterioração das terras agrícolas, a utilização intensiva dos recursos hídricos e os danos causados aos habitantes (UNESCO, 2005). Atualmente, a erosão do solo é um problema importante na maior parte do mundo, especialmente no Irão. As principais causas desta destruição são o pastoreio intensivo, bem como a destruição de bosques e prados pelo homem. A utilização intensiva de fertilizantes químicos é considerada um problema que põe em perigo a estabilidade e a sustentabilidade ecológicas e intensifica as contaminações ambientais muito alargadas.

É claro que não se deve esquecer a utilização permanente de pesticidas, que posteriormente se tornam resistentes (Nasir, 2009). Esta é uma razão para o aumento da utilização destes fertilizantes pelos agricultores, com resultados irreversíveis para o ambiente (Kamkar & Damghani, 2009).

Stonehouse *et al.,* (2003) refere o papel da agricultura sustentável no fornecimento de alimentos saudáveis para o ser humano. A este respeito, considera que é necessário encontrar formas no contexto da agricultura sustentável para que mais agricultores evitem a utilização de materiais químicos e se orientem para insumos naturais e saudáveis, escolhendo métodos óptimos, rotação de variedades resistentes, gestão adequada, ...

Os profissionais analisaram diferentes critérios para avaliar a sustentabilidade em vários níveis. O Ministério da Agricultura do Japão utilizou os seguintes indicadores para avaliar a sustentabilidade:

1- Consumo de azoto 2- Consumo de pesticidas 3- Aplicação e conservação do solo 4- Qualidade do solo 5- Qualidade da água 6- Gases com efeito de estufa 7- Habitantes da fauna e da flora 8- Pontos de vista agrícolas 9- Gestão dos campos 10-

recursos financeiros do campo 11- consumo de água 12- biodiversidade (MAFF, 2000). De acordo com Kirchmann *et al.* (2000), os principais critérios para alcançar uma agricultura sustentável são os seguintes

1- Estabilidade ambiental: a diversificação é uma forma de alcançar uma agricultura sustentável. É possível através dos seguintes métodos:

- Prevenir a erosão
- Conservação dos recursos hídricos e dos solos
- Conhecimentos sobre as relações simbióticas entre os organismos vivos, nomeadamente as plantas

- Utilização de variedades locais e autóctones

- Reduzir a importação de factores de produção não provenientes do campo para este sistema

2- Estabilidade social: para estabelecer a estabilidade, devem ser implementados os seguintes factores humanos e sociais:

- Melhorar a vida e a sobrevivência das famílias de agricultores

- Melhorar a autossuficiência e a auto-centralidade integradora local

- Motivar os agricultores a criar cooperativas

- Melhorar o nível de conhecimento das zonas rurais

- Motivar os rurais para o hábito nas aldeias

3- Estabilidade económica: para estabelecer esta estabilidade, devem ser implementados os seguintes factores económicos:

- Redução dos preços e aumento da assunção de riscos na agricultura

- Estabilidade nas flutuações do mercado

- Formar os agricultores de modo a satisfazerem as suas necessidades

- Fixação anual de rendimentos no terreno

- Reduzir a sensibilidade dos consumidores para comprar produtos especiais

O principal objetivo da agricultura sustentável é estabelecer a segurança alimentar em proporção ao crescimento da população, proporcionando oportunidades de emprego, aumentando as ocupações, aumentando o rendimento, especialmente nas zonas rurais, preservando e protegendo os recursos naturais, agrícolas e ambientais. Obviamente, a consecução destes objectivos está sujeita aos seguintes princípios:

- Orientar as mudanças a longo prazo

- Coordenar as actividades de forma compatível com o ambiente e não no sentido de o danificar ou deteriorar

- Respeitar os direitos humanos absolutos de acesso à saúde, à água potável e aos nutrientes

Por conseguinte, a sustentabilidade inclui efeitos mútuos de factores biológicos, físicos, sociais e económicos. É necessária uma abordagem integrada para melhorar os sistemas disponíveis e desenvolver novos sistemas mais sustentáveis (Pastrorelly *at al.*, 2006).

2- 7. objectivos e princípios da agricultura sustentável

Os princípios do sistema agrícola sustentável incluem a prioridade às mudanças e variações a longo prazo, a coordenação das actividades de forma adaptável à natureza e não no sentido de a danificar ou deteriorar (Violent & Portugal, 2007)

O sistema de produção baseado no pensamento da agricultura sustentável deve prosseguir os seguintes objectivos:

1. Aumento da participação e da quota de incrementos naturais como a transição de elementos, a fixação de azoto, a presa e o caçador no ecossistema agrícola

2. Reduzir o grau de utilização de factores de produção extra-sistema com elevado potencial de danos ambientais, reduzindo subsequentemente a qualidade e a saúde das comunidades vivas.

3. Aumentar a harmonia e a adaptabilidade entre o cultivo de plantas, as limitações físicas do ambiente e as terras agrícolas

4. Produção económica eficiente e funcional com ênfase na gestão ecológico-prática da unidade agrícola, conservação dos recursos do solo, água, energia e recursos naturais.

5. Ênfase no controlo e na gestão dos factores subótimos através de mecanismos indirectos e intra-sistemas.

6. Melhorar a flexibilidade do sistema através da melhoria dos conhecimentos de gestão, da biodiversidade, do reforço das relações internas e da participação de todos os elementos do biossistema agrícola.

Castilla (2006) acredita que a sustentabilidade na agricultura está centrada em três princípios:

1- Utilização óptima do rendimento adequado para o agricultor e o produtor

2- Aumentar a acessibilidade a alimentos saudáveis para o todo e a sua continuação para o futuro, e

3- Melhorar a proteção do ambiente natural e dos recursos renováveis.

A este respeito, Violante e Portugal (2007) consideram que um plano agrícola sustentável bem sucedido inclui 7 objectivos principais, a saber

1- Garantir a segurança alimentar acompanhada do aumento da sua qualidade e quantidade, para além de ter em conta as necessidades das gerações futuras

2- Proteção da água, do solo e dos recursos naturais

3- Proteção dos recursos energéticos dentro e fora da exploração agrícola

4- Preservar e melhorar a produtividade dos agricultores

5- Aceitabilidade por parte da sociedade

6- Manter a força vital da comunidade rural

7- Preservação da biodiversidade

De um modo mais geral, pode referir-se que o objetivo final e ideal da agricultura sustentável é procurar as ferramentas e os meios necessários para responder a cinco necessidades globais modernas essenciais, ou seja, suprir as necessidades alimentares e de vestuário, integrar a proteção e o desenvolvimento da justiça social, conservar a consolidação biológica e, finalmente, a independência social e a diversidade cultural (Moosavi, 2006).

2- 8. causas (origens) da emergência da tradição da agricultura sustentável e das ideologias com ela relacionadas

O movimento da agricultura sustentável teve origem na resposta pública em massa à crise agrícola dos anos 90, quando o valor (preço) da terra perdeu-se no Médio Oriente e os agricultores super-investidores foram expropriados pelos bancos credores

(Novack *et al.,* 2010). A este respeito, as organizações ambientais e agrícolas cooperaram para expandir as políticas no sentido da proteção de novas abordagens para as produções agrícolas. Uma destas abordagens consiste em dar menos atenção ao nível do produto e mais atenção às condições de vida dos agricultores em comunidades rurais activas e à melhoria das terras agrícolas. Em todos os casos, o atual conceito de agricultura sustentável tornou-se predominante em 1987. Anteriormente, este termo era aplicado a sinónimos como agricultura orgânica, renovável, biodinâmica e com menos factores de produção (Hebbar, 2007).

No total, desde a publicação do relatório da comissão (Brant-land) sobre a agricultura sustentável até aos dias de hoje, os problemas da agricultura industrial, no que diz respeito às contaminações do ambiente e do ecossistema, os defeitos inerentes à agricultura tradicional para fornecer produtos alimentares nos países em desenvolvimento devido ao baixo nível de produção, orientaram os investigadores a pensar no problema do aumento do produto para um aumento ótimo do produto no que diz respeito às considerações ambientais, pelo que foi estabelecida uma agricultura sustentável (Linda *et al.,* 2012).

2- 9. Ideologias actuais sobre agricultura sustentável

Citando Doughas (1984), Khaledi (2007) dividiu as ideologias agrícolas sustentáveis da seguinte forma

Primeiro grupo: inclui as ideologias que acreditam que qualquer estratégia que não culmine no aumento dos lucros e da produtividade é considerada insustentável. O princípio dominante desta ideologia na avaliação da inovação agrícola é a análise económica do custo-lucro.

2nd group: inclui a ideologia que acredita que qualquer sistema agrícola que contamine ou deteriore o ambiente de forma não essencial ou perturbe o equilíbrio ecológico é considerado não adequado. Este grupo discorda da salinidade, da alcalinização, da erosão do solo e da contaminação climática.

3rd grupo: é a doutrina da agricultura alternativa. Esta tem muitas semelhanças com o segundo grupo, como o interesse em conservar a capacidade dos recursos renováveis, o custo e a eficácia. Esta ideologia presta mais atenção aos efeitos dos diferentes sistemas agrícolas na organização sociocultural da vida rural.

Além disso, Moosavi (2006) classificou várias ideologias de agricultura sustentável e conceitos de adequação da seguinte forma: ideologia orientada para o produto: aqui, a sustentabilidade é considerada como a produção de alimentos suficientes para toda a população e a sua principal base é a economia.

Ideologia orientada para a proteção: aqui, a sustentabilidade é considerada como um fenómeno ecológico e o seu núcleo principal é o ambiente - Ideologia orientada para a comunidade: nesta doutrina, a sustentabilidade é considerada como protetora das estruturas sociais, da cultura e das suas tradições. Neste caso, é dada prioridade à qualidade de vida social, especialmente nas sociedades rurais e agrícolas.

Com base nas explicações actuais, o conceito de sustentabilidade é o reflexo de preocupações e desafios em relação à situação atual e à motivação para alterar esta condição. Por outras palavras, a filosofia da agricultura sustentável é uma reação às preocupações relacionadas com as consequências negativas da agricultura, como a evacuação dos recursos renováveis, a perda de solos, a saúde ambiental, os efeitos dos materiais químicos na agricultura, a falta de justiça social, a perda de estruturas socioculturais, a insegurança alimentar global e a redução da autossuficiência dos biossistemas (Banco Mundial, 2005).

2- 10. conclusão da primeira secção

A Comissão Brant Land confirmou que o desenvolvimento sustentável satisfaz as necessidades da geração atual sem pôr em perigo a capacidade da geração futura de satisfazer as suas necessidades. Além disso, esta comissão mencionou a população e o desenvolvimento, a segurança alimentar, a energia, a indústria e os desafios urbanos como problemas e requisitos essenciais do desenvolvimento sustentável. A este respeito, as tradições agrícolas sustentáveis triplas foram formadas no quadro da ideologia da proteção e das ideologias de autossuficiência. Entretanto, o sistema agrícola sustentável é um sistema que, em detrimento das considerações relativas ao ambiente, tem em conta os aspectos morais socioeconómicos e segue objectivos económicos, ecológicos e sociais triplos. O objetivo deste sistema é estabelecer uma segurança alimentar proporcional ao crescimento da população, ao aumento da ocupação e do rendimento e à proteção dos recursos naturais, agrícolas e ambientais. Nesta base, foram representados diferentes critérios de avaliação para avaliar o nível de sustentabilidade, incluindo as estabilidades ambiental, social e económica.

2nd secção: fertilizantes biológicos e agricultura sustentável

2- 11. Introdução:

Céus enevoados, águas lamacentas, zonas extensas, desertos febris indicam a catástrofe lamentável da morte dos solos. A morte prematura de solos que poderiam ter uma vida frutífera e sustentável. A catástrofe ocorre por desordens graduais e perturbações completas do equilíbrio no sistema natural do solo, pelo que qualquer resolução contra este perigo crescente exige um conhecimento mais realista do solo e a observação do seu princípio de sustentabilidade óptima no padrão do ecossistema natural. Neste padrão, o solo, não só como uma massa de rochas e minerais decompostos, mas também como um sistema ecológico, é constituído por diversos sistemas biológicos num leito volumoso de materiais minerais e orgânicos não vivos. Estes componentes, com uma disseminação expansiva e diferentes relações complexas, estão tão combinados que são considerados como um sistema vivo único, um sistema sensível e vulnerável. A sua extração não é continuada pelos métodos de exploração prevalecentes, ou seja, impondo tensão à força, aplicando ferramentas e meios mecânicos, consumindo vários materiais químicos. Parece que esta condição está sujeita aos princípios fundamentais da biologia do solo nas últimas décadas, no contexto do planeamento de sistemas agrícolas sustentáveis.

A recomendação de sistemas agrícolas com menos ou sem necessidade de escavação para ativar os organismos do solo, bem como as tentativas de utilização mais completa de soluções biológicas para alimentar as plantas e garantir a sua saúde, são sinais esperançosos de mudança de pontos de vista profissionais e da sua atenção para a necessidade de apelar a métodos de gestão baseados na estrutura natural de proteção do sistema vivo do solo. A biotecnologia do solo está a desenvolver-se com o objetivo de utilizar o potencial dos organismos benéficos do solo para produzir o máximo de produção, ao mesmo tempo que se preocupa com a melhoria da qualidade do solo, com a higiene e a segurança do ambiente e com a aplicação da informação científica diária na tendência de inovação e aperfeiçoamento das técnicas e dos meios necessários para realizar essa gestão. Para além da produção de adubos biológicos, outras aplicações incluem: eliminação de tóxicos e outros poluentes do solo, rápida decomposição de resíduos de ervas, melhoria da estrutura física do solo, recuperação de solos erodidos, assistência à proteção da saúde das plantas, etc. Os adubos biológicos são conservantes com um ou mais organismos eficazes do solo ou como produto metabólico desses organismos, produzidos principalmente para fornecer elementos nutritivos essenciais às plantas.

2-12. conceitos de biotecnologia

Embora em duas décadas anteriores o termo biotecnologia fosse quase desconhecido, atualmente é um tema prevalecente com a sua definição técnica. Nos dicionários oxford e Webster (1998), são apresentadas duas definições diferentes de biotecnologia. De acordo com o dicionário Webster, biotecnologia significa "usar informação e técnicas de engenharia e tecnologia para estudar e resolver problemas relacionados com organismos vivos" e, de acordo com a definição do oxford, "biotecnologia é um ramo da tecnologia relacionado com várias formas de produtos industriais aplicados por microrganismos e os seus processos biológicos" (Basantes, 2009).

Duran (2002) introduziu a biotecnologia numa definição geral "aplicação de microrganismos, organismos ou processos biológicos em indústrias de produção ou sobrevivência". A definição simples deste fenómeno moderno é um conhecimento que estuda a aplicação integrativa da bioquímica, da microbiologia e das tecnologias de produção em sistemas biológicos devido à sua utilização num contexto interdisciplinar (Duran Toskar, 2008).

Numa outra definição, Dabbert *et al.* (2004) explicaram a biotecnologia da seguinte forma: técnicas de organismos vivos para fabricar ou alterar produtos, melhorando as qualidades dos animais ou das plantas e desenvolvendo as caraterísticas dos microrganismos para utilizações específicas. Devido às suas caraterísticas intrínsecas, a biotecnologia é um conhecimento interdisciplinar. Este conhecimento é aplicado em casos em que a combinação de ideias obtidas a partir de algumas disciplinas resultou na emergência de um domínio com o seu novo sistema, contexto especial e metodologias, finalmente o resultado da interação de diferentes partes da biologia e da engenharia (Dabbert *et al.*, 2004).

2-13. aplicações da biotecnologia

À medida que o homem pensa em métodos para modificar a sua qualidade de vida, a biotecnologia é aplicada de várias formas. Durante muitos anos, a biotecnologia foi utilizada para produzir queijo, iogurte, pão de massa fermentada e outros produtos biológicos, mas, apesar do seu elevado potencial, com o passar do tempo e o aumento das exigências humanas, este conhecimento tem vindo a progredir gradualmente (Suarez, 2009).

Atualmente, a biotecnologia tem aplicações na engenharia genética, na cultura de fibras e na engenharia industrial, produzindo enzimas industriais, bioquímica, processos biológicos e biotecnologia e produzindo várias vacinas. Na agricultura, a biotecnologia tem um potencial muito elevado; as suas aplicações mais importantes são a produção de alimentos, a criação de sementes e de plantas medicinais, a criação de gado e de aves, o controlo de pragas e a biologia do solo (Partilica *et al.*, 2010).

Além disso, a nova abordagem contemporânea do ambiente e a sua consideração como uma componente do investimento nacional, a necessidade da sua proteção através da biotecnologia são consideradas como os desafios humanos mais importantes do século atual. Entre as aplicações da biotecnologia no domínio do ambiente, podemos referir a eliminação eficaz de poluentes ambientais perigosos através da utilização de microrganismos purificadores, a eliminação da contaminação e a aplicação de técnicas de conservação dos reservatórios genéticos nacionais. As utilizações da biotecnologia na indústria, através de uma boa relação custo-eficácia, menos desperdício de energia e de perdas e, sobretudo, menos efeitos nocivos para o ambiente, levaram a identificar esta tecnologia como a indústria mais limpa. Além disso, a biotecnologia permite fabricar produtos cujo fabrico era impossível ou muito difícil pelos métodos anteriores (Macinnis, 2004). Os investigadores admitiram que esta ciência tem muitas capacidades, especialmente na ciência agrícola; por isso, tentaram encontrar novos conceitos e métodos da sua aplicação para fornecer energia, satisfazer as necessidades humanas de nutrientes, proteger a água e o solo e reduzir os poluentes disponíveis no ambiente (Ordenlo *et al.*, 2009).

2-14. A história dos biofertilizantes

Como é sabido, a cultura de produtos agrícolas resulta numa perda gradual de nutrientes no solo. Desde cedo, o homem pensou em compensar a escassez de nutrientes no solo e, num passado não muito distante, aplicou fertilizantes orgânicos. Como a produção de um grande volume destes fertilizantes não era muito simples e o controlo das questões higiénicas era difícil, o homem recorreu à segunda geração de fertilizantes, ou seja, aos fertilizantes químicos. Mas os danos ambientais, as alterações da estrutura química, física e biológica do solo, bem como os problemas higiénicos, obrigaram o homem a desenvolver alternativas. Estas foram as principais razões para regressar aos fertilizantes orgânicos com as mudanças no contexto da agricultura orgânica. No passo seguinte, surgiu a terceira geração de fertilizantes, conhecidos como fertilizantes biológicos, que lançaram uma luz esperançosa sobre a tendência de desenvolvimento agrícola sustentável (Tiwari *et al.*, 2008). Na agricultura, a melhoria e a proteção dos fertilizantes do solo são de especial importância para suprir as necessidades alimentares da população em crescimento. A gestão adequada dos fertilizantes do solo resultou no fornecimento de nutrientes essenciais para as plantas, aumentando consequentemente o seu desempenho. O acesso a um elevado desempenho em termos de biomassa é possível através do estabelecimento de um sistema radicular ativo, facilitado pela disponibilidade de compostos orgânicos rizosféricos. Além disso, as raízes das plantas libertam materiais fotossintéticos acima do disponível, a maior parte dos quais é consumida pelos organismos vivos do solo. Estes compostos proporcionam a oportunidade de crescimento da população microbiana, aumentando assim a sua densidade, o que também é eficaz na taxa e diversidade das suas actividades. No entanto, todas as alterações na gestão da fertilidade do solo (como o equilíbrio dos fertilizantes, a utilização de matéria orgânica, etc.) têm um grande efeito na relação solo-planta, subsequentemente, na produção e na sustentabilidade do ecossistema. A aplicação de biofertilizantes é uma função atual baseada em princípios agrícolas sustentáveis no que diz respeito à fertilidade do solo. Os biofertilizantes incluem materiais densos ou agregados compostos por um ou alguns organismos benéficos do solo ou como seu produto metabólico, a fim de fornecer elementos nutritivos necessários para as plantas num ecossistema agrícola (Dehghani Meshkani *et al.,* 2011).

Os primeiros biofertilizantes (contendo a bactéria rhizobium) com nome comercial nitrajin foram introduzidos à venda em 1895, por causa da sincronia, com o início da produção de fertilizantes químicos, não sobreviveram. A disseminação deste poderoso opositor aos mercados de consumo impôs depressão e suspensão devido aos seus atractivos ilusórios como: baixo preço, fácil aplicação, sobretudo a falsa renda a curto prazo sem atenção à depreciação do capital principal, ou seja, o solo e suas matérias orgânicas. No início de 1970, com a subida do preço do petróleo e dos combustíveis e, posteriormente, com o aumento do preço dos adubos químicos, foi abordada a não rentabilidade do consumo de adubos para produtos de baixo custo e a necessidade de aplicar alternativas mais adequadas. De um modo geral, os anos contemporâneos ao clímax do preço do petróleo bruto (1973-1974) foram identificados como o renascimento da investigação no contexto da reprodução de fertilizantes biológicos (Maclnnis, 2004).

2-15. Conceitos de biofertilizantes

A aplicação de recursos e factores de produção renováveis é um dos princípios fundamentais da agricultura sustentável que resulta numa produtividade agrícola máxima e em menores perigos para o ambiente. Isto significa que a acessibilidade a um desempenho ótimo e a redução dos riscos exige a aplicação de procedimentos agrícolas modernos, incluindo os biofertilizantes. Os biofertilizantes são considerados microrganismos bacterianos e fúngicos que, para além da biofixação de azoto e da solução de fósforo do solo (especialmente em regiões com elevado teor de cálcio no solo), produzem uma quantidade considerável de hormonas estimulantes do crescimento, principalmente oxina, jiberlina e citocinina, que afectam as caraterísticas do solo. Além disso, em alguns casos, são utilizados como alternativa e, na maioria dos casos, como suplemento de fertilizante químico, o biofertilizante garantiria a sustentabilidade da produção em sistemas agrícolas (Eeydizade *et al.,* 2011).

Os fertilizantes biológicos são materiais fertilizantes com um ou mais microrganismos benéficos para o solo. Os biofertilizantes são, na verdade, microrganismos que, durante os processos biológicos, são capazes de transformar os elementos alimentares do solo em nutrientes, como vitaminas e outros minerais, e transferi-los para a profundidade do solo. O consumo de biofertilizantes é de baixo custo e evita qualquer contaminação do ecossistema (Llewellyn, 2007).

Os fertilizantes biológicos são microrganismos transportados pelo ar com a capacidade de mudar o principal elemento alimentar da forma indisponível para a forma disponível, resultando no desenvolvimento do sistema radicular e numa melhor germinação (Rajendran, 2004).

Zaied *et al.,* (2003) definiram os fertilizantes biológicos da seguinte forma: os fertilizantes biológicos são conservantes com um ou mais microrganismos benéficos do solo ou sob a forma dos seus produtos metabólicos, produzidos principalmente para fornecer elementos alimentares essenciais às plantas.

Em outra definição, Castilla (2006) disse: bio fertilizantes são compostos de bactérias benéficas, também, fungos produzidos com objetivo específico, como a fixação de nitrogênio, liberando fosfato, potássio e íons de ferro a partir de suas misturas não solúveis tais bactérias têm principalmente estabelecido em torno de raiz e cooperar para absorver elementos essenciais pela planta. Atualmente, é evidente que estas bactérias têm mais do que uma função, ou seja, para além de absorverem um elemento especial, absorvem outros elementos, reduzem as doenças, melhoram a estrutura do solo e, consequentemente, estimulam o crescimento das plantas e aumentam a qualidade e a quantidade do produto.

Patrilica *et al.,* (2010) na definição de fertilizantes biológicos mencionou: os fertilizantes biológicos foram definidos como vacina microbiana ou como um composto que contém folhas microbianas benéficas com alto rendimento para fornecer um ou mais elementos alimentares necessários (Patrilica *et al.,* 2000).

Noutra definição, McGinnis et.al (2003) disse: os biofertilizantes referem-se a materiais fertilizantes que consistem num número suficiente de um ou mais microrganismos benéficos do solo localizados no leito dos conservadores. Por outras palavras, estes fertilizantes contêm variedades microbianas eficazes para fornecer nutrientes essenciais às plantas e aumentar a produção, ao nível da superfície.

2-16. Vários tipos de adubos biológicos

Os fertilizantes biológicos mais comuns são produzidos através da utilização de organismos relacionados com os seguintes grupos:

1. Bactérias fixadoras de azoto moleculares (diazotróficas)
2. Fungo Michorhizeal
3. Fosfatos insolúveis que resolvem microorganismos
4. Bactérias rizosféricas que estimulam o crescimento das plantas
5. Os microrganismos transformam o excesso de matéria orgânica em composto
6. Minhocas terrestres que produzem composto de vermes (Kamkar e Damghani, 2008)

2-16-1. Diasotrofos

Uma bactéria fixadora de azoto contribui eficazmente para o fornecimento de azoto em sistemas biológicos naturais e agrícolas. A fixação biológica global de azoto é estimada em cerca de 175000000 toneladas por ano (cerca de 140 kg de azoto puro por ano/hectares), o que sugere uma atividade preferencial destas bactérias em comparação com a capacidade de produção das empresas de fabrico de fertilizantes químicos. Além disso, estas bactérias introduziriam azoto orgânico no solo, o que constitui uma vantagem considerável (Gholavand *et al.*, 2006).

Para fornecer o carbono e a energia essenciais à fixação do azoto, os diazotróficos dependem das plantas. A este respeito, foram divididos em três grupos: transportados pelo ar, cooperadores e simbióticos. As bactérias transportadas pelo ar forneceriam o carbono e a energia necessários para realizar o processo de fixação de forma independente, sem a cooperação da(s) planta(s) hospedeira(s) ou através de autotrofia (utilizando materiais carbónicos simples disponíveis no solo) ou fototrofia (fotossíntese) (Moez Ardalan e Savaghebi, 2002).

2-16-2. Micorriza funga

O termo micorriza, fungo-raiz, foi cunhado por Frank, botânico alemão, para designar uma espécie de simbiose mútua eficaz entre tipos especiais de fungos do solo e o sistema radicular das plantas. Pode dizer-se que a simbiose mais alargada e importante é a simbiose fungo-raiz. Quase todas as plantas económicas estabelecem uma simbiose micorriza (Ahmadi *et al.*, 2004). Entre as vantagens da micorriza, podemos citar as seguintes

1. Aumentar a absorção dos elementos alimentares

2. Aumentar a ingestão de água

3. Produção de hormonas estimulantes do crescimento das plantas, como as oxinas, as citocininas...

4. Ajudar a reduzir as tensões ambientais como: temperatura, salinidade, contaminação do solo por tóxicos e metais pesados

5. Aumento da resistência das plantas aos agentes patogénicos radiculares, diretamente e através da criação de um obstáculo físico na raiz (ecto-micorriza) ou da produção de antipatógenos de crescimento como alguns antibióticos ou indiretamente, melhorando a alimentação das plantas e facilitando o seu crescimento.

6. Colocação de partículas de solo estáveis na proximidade dos sistemas radiculares das plantas

7. Redução da percentagem de perda de plantas de enxerto, entretanto, danos devido ao deslocamento, intensificação das actividades de fixação de azoto por vários diazotróficos simbióticos e cooperadores, provavelmente devido à melhoria da nutrição da planta hospedeira, mais entrada de nutrientes, especialmente fósforo para as bactérias.

8. Controlo de algumas doenças das plantas (Moalem e Eshghizade, 2007)

Nos sistemas agrícolas, a aração do solo provocou a erradicação da rede de talos de micorriza, com consequente redução da população deste fungo no solo.

2-16-3. Microrganismos solubilizadores de fosfatos

Quase todos os microrganismos presentes no solo, com mecanismos como a produção e secreção de ácidos orgânicos (cetoglocónico, cítrico, exálico, málico, succínico, fórmico, propiónico) e enzimas fosfatases, são eficazes na solubilidade do fósforo e na libertação de minerais pouco solúveis e de compostos orgânicos fosfatados. As bactérias consumidas eram principalmente de dois géneros: pseudomonas e bacillus. Atualmente, presta-se uma atenção considerável à utilização de fungos. A capacidade dos fungos na solvabilidade do fosfato é mais do que a das bactérias (Ghalavand *et al.*, 2006).

O principal papel dos ácidos orgânicos segregados pelas bactérias é reduzir o PH, podendo então decompor as ligações existentes em várias formas de fosfato. Alguns hidroxiácidos combinados com cálcio e ferro transformaram-se numa forma coagulada com um efeito considerável na melhoria da solvabilidade e no consumo de fosfatos. Na verdade, as bactérias solucionadoras de fosfato reduziriam o PH do solo através da produção de ácidos orgânicos, sendo por isso conhecidas como um fator de fecho. Este fator é estimulado pela substituição das bactérias solucionadoras de fosfato por recursos de carbono orgânico, que ocorre naturalmente ou por meio da sua adição ao solo (Yomg-Hak *et al.*, 2005).

2-16-4. Rizobactérias promotoras do crescimento das plantas (PGPR)

Este termo foi utilizado principalmente para as bactérias pertencentes ao grupo das pseudomonas fluorescentes. As PGPR contribuem para o crescimento das plantas, direta ou indiretamente. Indiretamente, através da inibição da atividade dos agentes patogénicos na prevenção do crescimento e desenvolvimento das plantas, estimulam o crescimento das plantas, e diretamente, através da fixação de azoto, da produção de hormonas vegetais, da produção de ferro de vestuário de cidróforos e da resolução de fosfato, estimulam e promovem o crescimento das plantas (Shimon *et al.*, 2004).

Entre outros papéis benéficos das PGPRs, podemos referir os seguintes:

1. Produzindo hormonas que estimulam o crescimento das plantas, a sua consequência é melhorar a absorção de água e de nutrientes pelas plantas.

2. Efeito na melhoria da germinação e emergência do embrião.

3. A produção de alguns compostos antibióticos, como a bacteriocina, elimina os agentes patogénicos, estimulando também os genes de defesa das plantas para ativar os mecanismos naturais de defesa das plantas.

4. Consumir factores de produção (matérias-primas) essenciais ao crescimento dos agentes patogénicos, o que os confronta com a escassez de nutrientes essenciais.

5. Ajudar as plantas a crescer em condições de tensão ambiental (as mesmas).

2-16-5. Minhocas da terra e vermicomposto

O vermicomposto é produzido pelas minhocas terrestres como produto da mudança relativa, da transmissão e da digestão dos resíduos orgânicos através da passagem pelo seu sistema digestivo. Estes animais têm vários títulos, tais como: órgãos digestivos do solo, pulmões do solo, vasos respiratórios do solo, mioleira do solo, estômago e tubos digestivos, primeiros lavradores, lavradores naturais do solo e, finalmente, arquitecturas do solo. Quando o seu número atinge os 100 in m^2 , cerca de 250000 kg/hac de solo passam pelo seu estômago, sendo também capazes de escavar anualmente cerca de 4.5000 km de canais in hac. Os produtos denominados vermicompostos, qualitativamente, são materiais orgânicos com PH ajustado, ricos em húmus e nutrientes absorvíveis para as plantas com vários tipos de vitaminas, hormonas promotoras do crescimento das plantas e enzimas estimulantes, com a forma de grãos pretos com odor desfavorável e disseminação comercial. Durante a produção de composto, as minhocas terrestres multiplicam-se em grande número e são utilizadas como um nutriente enriquecido com proteínas (contendo cerca de 54% a 72% de proteínas com base no peso corporal seco), ácidos gordos não saturáveis e minerais benéficos como o iodo nas indústrias avícola e piscícola ou como uma mistura em regimes alimentares de criação (Moalem e Eshghizadeh, 2007).

2-17: produção e extensão de fertilizantes biológicos estimulantes do crescimento das plantas

A rizosfera é uma região especial do solo à volta das raízes das plantas vivas. Esta região é uma combinação de partículas sólidas de solo e comunidades microbianas activas. Este solo ambiental é enriquecido com elementos de alimentação afectados pela atividade do sistema radicular, pelo que as suas comunidades microbianas têm muitos efeitos qualitativa e quantitativamente sobre os elementos não rizosféricos. As bactérias regionais da rizosfera são denominadas rizobactérias (Fergusen, 2005). As rizobactérias têm efeitos positivos e negativos no crescimento das plantas. As que têm efeitos negativos no crescimento e desempenho das plantas são conhecidas como bactérias nocivas. Por outro lado, as que melhoram o crescimento das plantas e o desempenho de produtos agrícolas importantes são designadas rizobactérias promotoras do crescimento das plantas. Através de diferentes mecanismos, estas bactérias impõem efeitos positivos nas plantas. Entre as bactérias mencionadas, algumas delas promoveriam diretamente o crescimento das plantas. Realizam essas acções através da produção e secreção de reguladores de crescimento, por exemplo, oxinas, citocininas, ou através do fornecimento de elementos alimentares necessários às plantas, incluindo fósforo e azoto (Cordovil *et al.*, 2007).

Algumas PGPRs afectam o crescimento das plantas implicitamente ou por mecanismos indirectos. Os efeitos indirectos são principalmente sob a forma de controlo biológico da inibição do crescimento de bactérias, fungos e nemátodos patogénicos. Estes são denominados factores de controlo biológico.

Das actividades efectivas destas bactérias para promover o crescimento das plantas, podemos mencionar a produção de hormonas estimulantes do crescimento das plantas, especialmente dinas, por diferentes linhagens de rizóbios. Além disso, a produção de cidróforos em condições de armazenamento de ferro é confirmada por diferentes linhagens de rizóbios. Outra caraterística essencial do grupo PGPR é promover o crescimento e a multiplicação de bactérias no solo rizosférico, a sobrevivência e a permanência no contexto da ativação do sistema radicular durante o crescimento da planta, bem como o elevado potencial de colonização, e o aproveitamento de tantas linhagens de rizóbios a partir de tais caraterísticas foi confirmado por algumas investigações (MCGINNIS *et al.*, 2003)

Outro assunto considerável sobre o grupo PGPR é um novo olhar sobre as bactérias rizóbios. Os rizóbios são as bactérias mais benéficas do solo, com utilização global comum como fertilizante biológico monogénico para cultivar leguminosas e gramíneas desde tempos passados. Por outro lado, os rizóbios são considerados os primeiros fertilizantes biológicos em todo o mundo e a sua tecnologia de produção em massa e a sua aplicação entre os fertilizantes biológicos resultaram na maior evolução e desenvolvimento. A utilização de fertilizantes biológicos é mais comum do que outros e os agricultores estão mais familiarizados e adoptam estes fertilizantes. Além disso, a maior parte dos estudos genéticos e moleculares sobre rizobactérias foram efectuados em bactérias rizobiais. Atualmente, temos mais conhecimentos sobre as funções dos genes e o seu mecanismo funcional nestas bactérias. Por conseguinte, estas caraterísticas tornam necessário prestar a maior atenção a estes rizóbios, a fim de alcançar uma agricultura sustentável (MONLEM & ESHGHIZADEH, 2007).

2-18. A necessidade de utilizar fertilizantes biológicos

Nas últimas décadas, a produção de produtos agrícolas, principalmente dependente da utilização de factores de produção químicos, causou importantes problemas ambientais. A degradação dos recursos hídricos e dos solos, a poluição da água e do ar por pesticidas e fertilizantes químicos e o aumento da resistência das pragas e das doenças a vários produtos químicos tóxicos são apenas alguns dos problemas ambientais decorrentes do consumo de produtos químicos na agricultura (Saied egad &

Rezvanimoghadam, 2010)

Como o uso intensivo de fertilizantes químicos causou a contaminação dos produtos agrícolas com produtos químicos, a poluição da água potável e o surgimento de poluição ambiental intensiva, há muito tempo que este método é abandonado nos países desenvolvidos, entretanto, os fertilizantes biológicos podem ser uma alternativa adequada aos produtos químicos, aumentar a sustentabilidade dos produtos agrícolas e do meio ambiente, também, melhorar a qualidade: odor e sabor dos produtos alimentares (Hemmati, 2011).

A agricultura sustentável é um sistema integrado baseado em princípios ecológicos. Em vez de insumos externos como fertilizantes químicos e pesticidas, este sistema utiliza resíduos de ervas, fertilizantes animais, fertilizantes orgânicos e biológicos e controlo biológico de pragas.

Deste modo, para além da reserva de nutrientes no solo, as pragas e as ervas daninhas foram controladas; também a biodiversidade é aumentada nos campos cultivados (Saeidnejad e Rezvanimoghadam, 2010).

Para além de suprir as necessidades de nutrientes, os fertilizantes biológicos, através do desenvolvimento do sistema, ajudam a absorção de nutrientes e de água, e também aumentam a resistência das plantas às doenças e às tensões hídricas. Isto é de considerável importância, especialmente no nosso país (Irão) que se confronta com a escassez de recursos hídricos na agricultura. Uma das vantagens da aplicação de fertilizantes biológicos é aumentar o rendimento da utilização de água pelas plantas. Por outro lado, a aplicação de fertilizantes biológicos evita a solidificação do solo agrícola, aumentando consequentemente a transferência de água e ar no solo e promovendo o crescimento das raízes. A utilização de fertilizantes biológicos em vez de químicos, para além de melhorar a qualidade e a quantidade do produto a longo prazo, ajuda o governo a poupar no pagamento de milhares de milhões de tomans gastos na produção e distribuição de fertilizantes químicos (Hemmati, 2011).

Uma vez que a gestão do solo é um dos principais factores para atingir uma agricultura sustentável, a substituição gradual dos fertilizantes químicos, especialmente os fertilizantes azotados e fosfatados, por fertilizantes biológicos ajudaria o homem a atingir este objetivo e a produção sustentável de produtos agrícolas. Muitas vezes, o consumo de fertilizantes biológicos sem preocupação com os efeitos nocivos para o ambiente resultou na melhoria das condições físicas, químicas e biológicas do solo e promoveu a sua fertilidade (Nasiri Mahalati *et al.*, 2001).

2-19. A situação dos biofertilizantes na agricultura do Irão

A aplicação crescente de fertilizantes químicos resultou no aparecimento de danos ambientais, higiénicos e económicos irrecuperáveis. Devido à sua natureza residual, causaram a contaminação da água e do solo e, consequentemente, várias doenças humanas, como o cancro. Estas desvantagens dos adubos químicos e o seu elevado custo de produção tornaram necessário prestar uma atenção séria aos biofertilizantes que utilizam bactérias exóticas de regiões com condições climáticas diferentes que não são suficientes para produzir biofertilizantes e as suas utilizações. Por conseguinte, a utilização de bactérias nativas, adaptáveis às condições locais de clima e solo, é de grande valor para a produção de biofertilizantes. Uma das caraterísticas mais importantes do biofertilizante de fosfato Barvar 2 é a utilização de bactérias indígenas para a sua produção. Como tal, a fim de produzir este fertilizante, vários solos regionais foram amostrados, purificados e isolados; finalmente, duas linhagens P5 e P13 foram selecionadas (Patrilicia *et al.,* 2010). Em comparação com os produtos químicos, os biofertilizantes têm frequentes benefícios ambientais e económicos. Para além da relação custo-eficácia, os principais resultados são a sustentabilidade dos recursos do solo, a conservação da capacidade de produção a longo prazo e a prevenção da poluição ambiental. Por outro lado, a produção de alimentos de alta qualidade não só resulta na satisfação do consumidor, mas também garante e proporciona a sua saúde física. Hoje em dia, presta-se uma atenção especial à importância dos biofertilizantes, não pelo facto de suprirem as necessidades das plantas, mas pelo facto de a sua aplicação não prejudicar o ambiente e ajudar a melhorar a qualidade dos produtos agrícolas e, consequentemente, a saúde dos consumidores. Para estabelecer um sistema agrícola nacional saudável, paralelamente ao aumento da produção, é necessário ter um planeamento para tornar seguro o contexto de fornecimento na rede de distribuição. A economia da agricultura biológica é uma necessidade para o seu desenvolvimento e extensão.

A biologia do solo é o estudo e a aplicação de organismos vivos (que vivem no solo) e dos seus processos metabólicos para melhorar o desempenho das plantas. Esta ciência procura selecionar organismos vivos, especialmente microrganismos do solo, com papéis principais no aumento da capacidade de utilização de nutrientes pelas plantas, na melhoria das propriedades físico-químicas do solo, na melhoria geral do desempenho das plantas e que estão disponíveis para os agricultores sob a forma de fertilizantes biológicos ou vacinas (Odendo *et al.,* 2009).

Com base nos dados actuais, estima-se que a área nacional cultivada sem o uso de fertilizantes químicos e tóxicos é de cerca de 240000 hac, incluindo 126000 hac de jardim e 114000 hac de produtos agrícolas, apenas 1% e 7% das terras agrícolas e hortícolas, respetivamente. Para organizar a redução do consumo de fertilizantes químicos, a sua substituição ou o uso integrado de biofertilizantes para produzir produtos saudáveis e orgânicos, é necessário um planeamento formal. Através da emissão das certificações necessárias, foram dados passos no sentido de atingir este objetivo (Amiri, 2011).

2-20. Vantagens da utilização de fertilizantes biológicos

Em comparação com os produtos químicos, os fertilizantes biológicos têm vantagens consideráveis, incluindo a não produção de tóxicos e o ciclo de alimentação microbiana, a duplicação autónoma, a melhoria das caraterísticas físicas e químicas do solo, a relação custo-eficácia económica e a adoção ambiental (Fallahi *et al.,* 2009).

Ao rever a identidade da estrutura natural do solo, as vantagens dos fertilizantes biológicos serão avaliadas de forma mais evidente.

1. O sistema vivo do solo, composto coletivamente por subconjuntos suplementares, por outras palavras, o seu equilíbrio, suscetibilidade, autorregulação e produção total dependem da presença suficiente e do valor qualitativo de todos os subconjuntos.

Independentemente da preferência quantitativa, os minerais têm um valor qualitativo igual ao dos outros componentes, porque sem eles não temos nada a não ser um enorme esqueleto de figura inanimada, um esqueleto constituído por células mortas e texturas condenadas à decomposição e ao desnorteamento, cujo resultado se manifesta na erosão da superfície e na densidade das camadas profundas.

2. A comunidade de organismos vivos é considerada um elemento essencial e inseparável, uma vez que o ajustamento do metabolismo e a gestão dos ciclos de nutrientes afectam amplamente o equilíbrio das relações internas e os resultados de todo o sistema. Nesta comunidade, a biodiversidade é de grande importância, uma vez que diferentes indivíduos têm diferentes funções e a maior parte dos processos só se realiza através da cooperação, simbiose ou hierarquia de diferentes actividades de grupo. A erradicação ou destruição de cada população significa a remoção de uma asa de uma roda giratória ou de um anel de uma cadeia contínua que resultou na depressão ou suspensão de um processo vital. Por conseguinte, a recuperação e a reparação dos anéis em falta são essenciais para um funcionamento completo e equilibrado (Basantes, 2009).

3. No sistema de solo vivo, a matéria orgânica tem o mesmo papel que o sangue na veia do corpo vivo para alimentar várias células e tecidos ou um papel semelhante ao dos combustíveis e materiais energéticos como força estimulante necessária para fazer girar os ciclos vitais. O principal problema deste sistema tem origem nesta dependência. Porque nos solos profundos, existe um grande desequilíbrio entre a produção e o consumo de materiais orgânicos energéticos. A maioria das populações são consumidores ou decompositores e os produtores estão localizados num grupo muito minoritário. Por conseguinte, a ajuda ao equilíbrio entre a produção e o consumo através da injeção contínua e equilibrada de matérias orgânicas neste sistema é considerada como o principal requisito da vida, da dinâmica, da sustentabilidade e, finalmente, da produção ou rendimento ótimo.

Os adubos biológicos são a solução mais natural e óptima para sobreviver e manter ativo o sistema vital do solo. A injeção de matéria orgânica no solo, como resposta à sua necessidade mais aparente, é a maior vantagem destes fertilizantes. Além disso, o fornecimento de nutrientes em proporção à nutrição natural das plantas, o auxílio à biodiversidade, a intensificação das actividades vitais, a melhoria da qualidade e proteção da saúde ambiental e, de um modo geral, a proteção e conservação dos capitais nacionais (solo, água e recursos não renováveis) são considerados como as vantagens mais importantes dos fertilizantes biológicos (Patrilica, 2010).

Para além dos métodos de produção e consumo de adubos biológicos acima referidos, os adubos biológicos apresentam as seguintes vantagens nacionais

- Conservar a produtividade do solo paralelamente ao aumento da sua fertilidade

- Prevenir a contaminação do solo e dos recursos hídricos superficiais e subterrâneos devido à combinação de resíduos de fertilizantes químicos.

- Prevenir o desenvolvimento de doenças devido ao consumo de água e de produtos contaminados com compostos de azoto devido à aplicação de fertilizantes químicos, especialmente fertilizantes de azoto. Os cancros do sistema digestivo e a mothamglobinia estão entre estas doenças (Hosseinpour, 2012).

2-21: Os problemas da utilização de fertilizantes biológicos

Na maioria dos casos, a aplicação destes fertilizantes não é tão simples e fácil como o consumo de produtos químicos com resposta rápida positiva e economia semelhante. A seleção das diversas variedades e linhagens, além da atividade óptima para realizar o respetivo processo, a capacidade de crescimento e a atividade sustentável nesta condição edafo-climática necessita de realizar uma investigação exaustiva com a presença de forças profissionais e disponibilidade de instalações científicas e técnicas (Pacheco, 2006).

Além disso, é necessário ter em conta a sensibilidade dos organismos às condições ambientais e às alterações dos factores, bem como a complexidade das relações entre os microrganismos e as plantas, a diversidade e a multiplicidade das reacções antagonistas no solo, a presença de organismos desconhecidos, especialmente na rizosfera. Por este motivo, o sucesso da utilização de vacinas microbianas é confrontado com diferentes problemas, muitas vezes com resultados não previsíveis no que respeita à resposta das plantas à vacinação (Robalino, 2011).

Outra questão importante é que o surgimento dos efeitos benéficos dos adubos biológicos sobre a qualidade do solo, da planta e do ambiente necessita de um tempo maior do que a época de plantio. Por esta razão, a disponibilização de facilidades para a utilização de diferentes fertilizantes e o alargamento do seu consumo carece de planeamento e apoio público (Pacheco, 2006).

2-22. O biofertilizante fosfato Barvar-2

O fósforo é um dos nutrientes mais importantes e essenciais para o crescimento das plantas. Após a sua absorção pela planta, é necessário produzir diferentes compostos biológicos, incluindo nucleótidos, fosfoproteínas, fosfolípidos, açúcares fosforosos, phi tin e outros compostos de fósforo para realizar acções fisiológicas como a divisão celular, a floração, o amadurecimento dos frutos e a produção de grãos, respiração celular, crescimento e desenvolvimento das raízes, especialmente raízes secundárias ou capilares, maturação das plantas, resistência contra doenças, fotossíntese, crescimento total das plantas, também na forma mineral, como iões^{-2} 4HPO,$^{-}$ $4PO_2$ H, para ajustar o ambiente intracelular. Na maioria dos solos, este importante elemento nutritivo não é suficiente para as plantas. A falta de acesso das plantas ao fosfato é um fator de inibição do crescimento das plantas, pelo que esta situação deve ser resolvida (Yakhchali *et al.,* 2011).

Os microrganismos que vivem na raiz libertam material orgânico, através da secreção de diferentes ácidos que reduzem o PH da raiz e provocam o aumento da concentração de fosfato absorvível. Em diferentes partes do mundo, foram isolados, identificados e utilizados microrganismos que resolvem problemas de fosfato. As bactérias que resolvem o problema dos fosfatos aumentaram a absorção de fósforo pelas plantas e, consequentemente, a produção. Por conseguinte, as suas aplicações como biofertilizantes têm sido consideradas pelos investigadores. Este grupo é designado por bactérias promotoras do crescimento das plantas (PGPB) (Fatemi, 2003).

Os biofertilizantes são microrganismos benéficos produzidos para um objetivo específico, como a fixação de azoto, a libertação de fosfato e potássio, iões de ferro.... Estes microrganismos estabeleceram-se principalmente em torno da raiz e ajudam a planta a absorver diferentes elementos (Pouryousef *et al.,* 2009). Atualmente, é evidente que estas bactérias, para além de ajudarem na absorção de elementos específicos, absorvem outros elementos, reduzindo as doenças e melhorando a estrutura do solo, consequentemente. Promovendo o crescimento das plantas e melhorando a qualidade e quantidade dos produtos. Cientificamente, estas bactérias são chamadas estimulantes ou promotoras do crescimento das plantas (o mesmo).

O fertilizante biológico Barvar 2 é o único fertilizante biológico regenerativo de fosfato, produzido principalmente pelos investigadores do centro Jahad Daneshgahi de Teerão. Este milagre, considerado em testes realizados em vegetais como o pepino e plantas agrícolas como a alfafa e a batata, com supervisão precisa nos campos acima mencionados e noutros locais nacionais, obteve resultados significativos, uma vez que a produção do produto não era comparável à dos campos de controlo, tanto quantitativa como qualitativamente (Bahrami, 2012).

O Phosphate Barvar 2 contém dois tipos de bactérias solucionadoras de fosfato que, através de dois mecanismos, isto é, secreção de ácido orgânico e ácido fosfatase, causam a decomposição de combinações de fósforo insolúveis, consequentemente a sua absorção pelas plantas. Estas bactérias toleram uma ampla gama de pH de 5 a 11 e uma salinidade de cerca de 3,5%. Esta caraterística levou à aplicação deste biofertilizante na vasta gama de solos do Irão e para diferentes produtos (Qasemkhanloo *et al.,* 2009).

Na formulação de Barvar 2, existem bactérias que segregam enzimas ácidas e fosfatases. Os resultados obtidos com a utilização deste fertilizante em várias regiões sugerem que, na maioria dos casos, a sua aplicação provocou uma melhoria de 10% no desempenho das plantas agrícolas (o mesmo).

2-23. Vantagens do biofertilizante fosfatado Barvar 2

O biofertilizante Barvar 2 tem muitas vantagens a seguir; referimo-nos a algumas delas:

2-23-1. Adaptabilidade ao clima nacional

O isolamento de linhagens bacterianas de solos do Irão e a realização de diferentes testes mostraram que a Barvar 2 é adaptável às condições ambientais e aos campos nativos.

2-23-2. Diminuição do consumo de fertilizantes químicos fosfatados

Barvar 2 reduziu a aplicação de adubos químicos fosfatados para metade ou menos de metade do valor recomendado.

2-23-3. Aumento do desempenho

Experiências observacionais e estatísticas realizadas em produtos agrícolas e hortícolas em diferentes anos mostraram um aumento do desempenho de cerca de 54%, melhorando também a qualidade do produto. Os resultados obtidos em 1800 campos de vários produtos indicaram que a utilização deste fertilizante em comparação com apenas o fertilizante químico fosfatado resultou num aumento do produto com o valor médio de 18,7%.

2-23-4. Transporte barato

A produção do biofertilizante Barvar 2 em embalagens enormes, cada embalagem por hectare, resultou em custos de transporte e armazenamento muito baixos.

2-23-5. Reduzir o número de doenças

Diferentes recursos referiram-se ao efeito da bactéria P13 na redução de doenças bacterianas e fúngicas transmitidas pelo solo. Na prática, a equipa de investigação e também as observações dos agricultores sugeriram uma redução considerável das doenças devido à utilização de Barvar 2.

2-23-6. Adaptabilidade com outros tóxicos e fertilizantes

As experiências mostraram que não há interação entre este fertilizante e os tóxicos e fertilizantes disponíveis no mercado. No entanto, para evitar efeitos nocivos devido à pressão osmótica sobre as bactérias dos adubos, recomenda-se que, tanto quanto possível, se evite a sua combinação, especialmente com tóxicos durante o seu consumo.

2-23-7. Elevada solvabilidade dos fosfatos

Na formulação deste fertilizante, existem linhagens de bactérias secretoras de enzimas ácidas e fosfatases. Os métodos de rastreio para as linhagens de bactérias primárias aplicadas têm a maior capacidade de solvência de fosfato em combinações orgânicas e materiais.

2-23-8: Colonização com a rizosfera

As experiências mostraram que as bactérias disponíveis em Barvar 2 são simbióticas para a raiz da planta e competem bem com outras bactérias, especialmente as nocivas. As observações mostraram que a colonização destas bactérias com a rizosfera resultou na redução de doenças microbianas em produtos agrícolas.

2-23-9. Conservar as caraterísticas genéticas

Os métodos utilizados para produzir estes fertilizantes garantiriam a sustentabilidade genética das suas bactérias benéficas.

2-23-10. Estabilidade durante a armazenagem

Para facilitar a distribuição e a acessibilidade do consumidor, a formulação de Barvar 2 é tal que é possível garantir a sua estabilidade pelo menos durante 6 meses. Estão a ser investigadas novas formulações.

2-23-11. Método de consumo simples

Da mesma forma, os biofertilizantes são diferentes dos produtos químicos e precisam de preparar o seu método de consumo específico. Por esta razão, Barvar 2 foi embalado como um pó húmido em condições estéreis. Atualmente, estão disponíveis os melhores métodos de consumo obtidos a partir da soma de diferentes resultados de testes. A base da preparação dos métodos de consumo é a transferência das bactérias disponíveis para a raiz da planta. Recomenda-se seriamente a aplicação correta destes métodos e a redução do consumo de fertilizantes fosfatados, pelo menos em cerca de 50%.

Prossegue a investigação sobre outros métodos e os resultados serão anunciados gradualmente (Bina, 2012 A).

2-24. A história do biofertilizante Barvar 2

A utilização de fertilizantes biológicos começou com a introdução de fertilizantes microbianos no início da década de 1970. Este fertilizante era produzido a partir de bactérias rhizobium simbióticas com leguminosas. No início da década de 1980, a aplicação de biofertilizantes para outros produtos que não as leguminosas foi significada e foi realizada uma extensa pesquisa sobre rizobactérias promotoras de crescimento de plantas (PGPR) e continuou até o presente. A utilização de biofertilizantes, incluindo fertilizantes que contêm bactérias que resolvem fosfatos. Na direção de uma agricultura sustentável, para além de reduzir o consumo de fertilizantes químicos e aumentar a colheita de produtos agrícolas, ajudaria a prevenir a poluição ambiental, bem como a sua proteção (Mahboobi *et al.,* 2009).

Estima-se que cerca de 1000000 toneladas de adubo fosfatado, com custos de cerca de 200000000-300000000 $, são consumidas anualmente a nível nacional. Nos últimos anos, este volume foi reduzido para menos de 600 000 toneladas. Uma das razões é a produção e aplicação de fertilizantes microbianos para aumentar a solvabilidade e a disponibilidade de fosfato no solo. A este respeito, alguns fertilizantes microbianos, incluindo Barvar 2, foram produzidos e divulgados. O biofertilizante Barvar 2, produto de uma fábrica nacional intitulada "aumento da taxa de absorção de fosfato pela batata através da introdução de uma linhagem adequada de microrganismos" (Jahad Daneshgahi, Universidade de Ciências, Universidade de Teerão), é uma amostra bem sucedida de biofertilizantes no Irão. A sua produção optimizada e económica exige um processo optimizado e eficiente de produção em massa e de multiplicação de bactérias que resolvem os fosfatos através da fermentação. Aqui, um ponto importante é melhorar a produtividade para reduzir o preço total. A este respeito, o método mais eficaz é a utilização de culturas de alta densidade celular. Nesta tecnologia, o número de células activas por volume de bioreactor é aumentado. Uma vez que a eficiência total do processo de fermentação (microrganismos totais produzidos em volume/unidade de tempo) é proporcional à densidade celular final, para aumentar a produtividade total, é necessário promover a cultura de alta densidade celular no que diz respeito à proteção das caraterísticas biológicas do microrganismo. Para atingir este objetivo, foi utilizada a cultura de alta densidade celular (HCDC). A aplicação de métodos de HCDC tem muitas vantagens: redução do volume do reator, redução do volume do ambiente de cultura aplicado, facilitação dos processos manuais legais, redução das águas residuais, redução do investimento primário em equipamento, obtenção de maior eficiência, redução do preço de produção e, finalmente, maior rendimento (Yakhchali *et al.,* 2011).

2-25. Conclusão da segunda secção

Os fertilizantes biológicos têm sido considerados como a solução mais natural e óptima para a sobrevivência do sistema vital do solo. A introdução de materiais orgânicos no solo, especialmente em solos iranianos com deficiência de orgânicos, devido à resposta às necessidades do solo, é considerada como a maior vantagem destes fertilizantes. Além disso, o fornecimento de elementos alimentares em proporção à alimentação natural das plantas, o apoio à biodiversidade, a intensificação das actividades vitais, a melhoria da qualidade, a proteção da higiene ambiental, a proteção total e a conservação dos capitais nacionais (água e solo) são consideradas as razões mais importantes para a utilização de fertilizantes biológicos. A menção destas vantagens não é interpretada como uma renúncia total aos adubos químicos. O seu consumo é recomendado observando as prioridades da alimentação natural das plantas, em complemento aos adubos biológicos, especialmente em solos cultivados ou agro-ecossistemas sob tensão de utilização repetida que necessitam de maior proteção e nutrição. A sua eficácia é a mesma dos fármacos nutrientes ou das vitaminas, não como regime completo, mas em casos especiais e para compensar as carências intensivas, seriam essenciais e benéficos. Os efeitos benéficos dos fertilizantes biológicos na qualidade do solo, da planta e do ambiente necessitam de um período de tempo superior à época de cultivo, principalmente; tais efeitos qualitativos não são mensuráveis com base em rendimentos económicos a curto prazo. Por esta razão, a disponibilização das instalações necessárias para a utilização destes fertilizantes e o aumento do seu consumo requerem planeamento e proteção públicos.

Terceira secção:

As barreiras à aplicação de fertilizantes biológicos

2-26. Barreiras actuais à aplicação de fertilizantes biológicos

Durante as últimas décadas, a produção agrícola dependeu principalmente do consumo de insumos químicos que resultaram na incidência de problemas ambientais. Uma forma de resolver este problema é implementar procedimentos baseados nos princípios de longo prazo da agricultura ecológica no cultivo de sistemas biológicos. A agricultura ecológica é um sistema integrado baseado em princípios ecológicos. Neste sistema, em vez de se utilizarem externalidades, como vários tipos de fertilizantes químicos e pesticidas, utiliza-se a rotação cultural com leguminosas, restos de plantas, vários fertilizantes orgânicos e biológicos de origem animal. Desta forma, para além do armazenamento de alimentos no solo, as ervas daninhas e as pragas são controladas e a biodiversidade é aumentada nos campos (Khorramdel *et al.,* 2010). Embora a utilização de fertilizantes biológicos tenha uma longa história na agricultura, a sua utilização científica é um fenómeno novo. Um fator eficaz para restringir a aplicação de fertilizantes biológicos no campo é a presença de vários obstáculos e problemas na frente da adoção destes fertilizantes pelos agricultores. A sua utilização é confrontada com vários desafios. De seguida, são referidas algumas barreiras à aplicação de fertilizantes biológicos (Alizadeh *et al.,* 2009).

2- 26-1. Barreiras culturais na aplicação de fertilizantes biológicos

A cultura comunitária é um dos principais factores que desempenham um papel importante no desenvolvimento de uma agricultura sustentável. A este respeito, para além da tentativa de encontrar novos métodos, é necessário estudar procedimentos científicos para melhorar a condição cultural atual e também para proporcionar um contexto adequado ao desenvolvimento social (Khedri, 2010). Hoje em dia, é necessário que, em cada sistema cultural nacional, tenha sido planeada uma formação essencial em

Como a textura cultural é muito fraca entre a comunidade agrícola, eles acreditavam que a não aplicação de fertilizantes químicos e tóxicos causava menos rendimento, portanto, perda financeira para os agricultores, como resultado, eles têm menos tendência para usar fertilizantes biológicos. Além disso, a ausência da cultura da sua conceção numa sociedade é considerada um obstáculo importante à utilização de fertilizantes biológicos (Akbari *et al.*, 2008).

Asghari (2003) acredita que o fácil acesso a insumos biológicos e o facto de ser influenciado por outros agricultores no que diz respeito à adoção do controlo biológico e de o negligenciar resultam na não adoção do controlo biológico.

Mohammadi (2010) acredita que os agricultores têm opiniões e crenças negativas sobre os fertilizantes biológicos, e que a sociedade não tem uma cultura de consumo de fertilizantes biológicos. O resultado foi a restrição da sua aplicação.

2-26-2. Barreiras sociais na aplicação de fertilizantes biológicos

Até à data, foram realizados muitos estudos no domínio das ciências agrícolas em todo o mundo. Mas a desconsideração da ciência sócio-comportamental na secção agrícola fez com que a maior parte das descobertas científicas não fosse aplicada pelos agricultores ou fosse aplicada incorretamente, o que levou ao aparecimento de problemas no contexto da aplicação da tecnologia na agricultura (Chahrsoghi Amin, *et al.*, 2009)

Hashem et.al (2009) considerou que as variáveis filiação dos agricultores em associações civis no âmbito da utilização de fertilizantes biológicos, conhecimento e informação pública dos agricultores, participação da comunidade na tomada de decisões, escassez de população agrícola local associativa foram factores determinantes na adoção de fertilizantes biológicos de controlo. Asghari (2003) considerou que as variáveis pertença a associações rurais, competências dos agricultores no domínio da gestão dos solos e facilidade de acesso a insumos biológicos foram factores determinantes para a adoção do controlo biológico. Além disso, a implementação de diretrizes de extensão e a participação social foram factores eficazes no investimento dos agricultores em tecnologias de melhoramento dos solos agrícolas (pezesh kirad *et al.*, 2009)

Uma barreira social eficaz na adoção do controlo biotecnológico é a não aplicação de líderes locais para alargar as tecnologias agrícolas modernas que desafiaram a adoção pelos agricultores no contexto das tecnologias de gestão do solo (Enyong *et al.*, 1999).

Outra barreira social é o baixo nível de risco dos agricultores na adoção de fertilizantes biológicos, a falta de participação do sector privado na aplicação das suas instalações e capacidades, a falta de solidariedade dos agricultores e de ação colectiva para adotar e aplicar fertilizantes biológicos, a falta de cooperação e participação entre agricultores, investigadores, agentes de extensão e decisores políticos no domínio do planeamento, da tomada de decisões e da aplicação (Mohammadi, 2010).

2-26-3. Barreiras ambientais na aplicação de fertilizantes biológicos

A utilização de fertilizantes biológicos, especialmente em culturas comprimidas e solos deficientes em elementos alimentares, é um requisito indispensável para conservar o valor da qualidade do solo. Entretanto, a aplicação não científica de fertilizantes biológicos tem consequências negativas, como a perda gradual da qualidade do solo, a redução do valor qualitativo do produto e a perturbação do equilíbrio natural do ecossistema (Hasanzadeh *et al.*, 2007). A utilização intensiva de fertilizantes biológicos resultou em alguns problemas, incluindo: sensibilidade do organismo às condições ambientais, complexidade da relação entre microrganismos e reacções antagónicas (Moalem e Eshghizadeh, 2007).

Na maioria dos casos, a sua aplicação não é tão simples como a de produtos químicos com respostas positivas rápidas e económicas. A seleção de variedades e linhagens com atividade óptima no que diz respeito ao respetivo processo, crescimento sustentável e atividade no solo e clima utilizados necessita de estudos extensivos, presença ativa de profissionais, instalações técnicas e científicas (Pachaeco, 2006).

Outro ponto importante é que o aparecimento de efeitos benéficos dos fertilizantes biológicos no solo, na planta e nas qualidades ambientais necessita de mais tempo do que a época de plantação. Estes efeitos qualitativos não são mensuráveis com base em rendimentos económicos a curto prazo. Por esta razão, para obter resultados e colheitas mais rápidos, os agricultores deveriam utilizar menos fertilizantes biológicos (os mesmos). Hashemi *et al.* (2009) consideram que algumas barreiras ambientais incluem: consumo elevado de pesticidas químicos e tóxicos, aumento do envenenamento agudo devido a produtos químicos, consumo elevado de fertilizantes químicos por hectare, aumento da erosão do solo, falta de conservação dos nutrientes no solo e dos microrganismos, falta de investigação viral da contaminação da água e do solo e aumento da vulnerabilidade às catástrofes naturais.

2-26-4. Barreiras económicas na aplicação de fertilizantes biológicos

Os agricultores interessados na agricultura sustentável, em comparação com os agricultores tradicionais, têm menos necessidade de consumir fertilizantes químicos e têm mais tendência para utilizar produtos biológicos. Mas esta redução de custos não está em equilíbrio com o aumento da força de trabalho e dos custos devido à aplicação de várias máquinas na cultura mista (Ajoodani e Mehdizadeh, 2009). Esta condição confrontou a utilização de fertilizantes biológicos com alguns desafios. Na aplicação de fertilizantes biológicos no campo, existem alguns obstáculos económicos, como se segue:

- Os custos da produção bio-agrícola são mais elevados do que os da agricultura tradicional devido à utilização limitada de pesticidas, fertilizantes químicos, radiações e conservantes em todas as fases da cadeia alimentar.

- Mais pagamento para o sistema bio-agrícola que causou restrições financeiras (Padel, 2001).

- A longa duração transitória causou perdas financeiras.

- Os bioprodutos são mais caros devido à heterogeneidade da oferta e da procura.

- Aplicação difícil e falta de resposta rápida e económica (Moalem e Eshghizadeh, 2007).

- Indisponibilidade de fertilizantes biológicos (Ajoodani e Mehdizadeh, 2009).

- Menor procura de produtos biológicos sem um mercado adequado (Liaghati *et al.*, 2006).

- Limitação do apoio financeiro durante a ocorrência de problemas económicos previstos (Padel, 2001).

- Em comparação com os produtos produzidos com fertilizantes químicos e pesticidas, os compradores de produtos agrícolas naturais pagam 30-70% mais caro (Saiedi, 2012).

- Falta de fiabilidade do desempenho e disponibilidade de mercados adequados após a sua produção (Ace, 2006).

Além disso, a não concessão de subsídios adequados para a produção de fertilizantes biológicos, a falta de instalações adequadas para facilitar o acesso dos agricultores aos fertilizantes biológicos, a falta de apresentação de motivos financeiros adequados e os défices de financiamento são considerados como os outros obstáculos económicos à aplicação de fertilizantes biológicos (Ajoodani e Mehdizadeh, 2009).

Pezeshkirad *et al.,* (2009) consideraram que as variáveis rendimentos agrícolas anuais foram factores eficazes no investimento dos agricultores no contexto das tecnologias de melhoramento dos solos agrícolas.

Mohammadi (2010) considera que alguns dos obstáculos económicos à aplicação deste fertilizante incluem: ausência de motivos financeiros adequados para os agricultores, falta de produção de fertilizantes biológicos, problemas de comercialização, falta de instalações adequadas (transporte e armazenamento), preço mais elevado dos produtos transformados sem fertilizantes ou tóxicos, custo elevado dos fertilizantes biológicos, falta de apoio financeiro, pobreza e fraqueza financeira dos agricultores, falta de preços adequados para produtos saudáveis e de alta qualidade por parte do governo e falta de políticas económicas públicas no contexto dos problemas agrícolas.

2-26-5. Obstáculos à definição de políticas para a aplicação de fertilizantes biológicos

Normalmente, pensa-se que a elaboração de políticas é um direito absoluto dos peritos e dos decisores políticos e que só lhes é permitido preparar, impor e aplicar políticas sem prestar atenção às diferenças entre o conhecimento público, os interesses e os benefícios. Mas, na prática, a política é o resultado de tentativas e acções de vários beneficiários com orientações complementares ou opostas. Como a elevada falta de fiabilidade, a complexidade e a assunção de riscos são as principais caraterísticas dos problemas ambientais, esta inferência pode ser correta (Adib, 2009).

Por conseguinte, está a ser estabelecida esta perspetiva de que a política reconhecida como um acordo mútuo tem origem na interação e conversação dos cidadãos e, neste contexto, as autoridades desempenham o papel de facilitadores (Abah *et al.,* 2010).

No contexto da adoção contínua da inovação dos fertilizantes biológicos, a maioria dos agricultores tem sido confrontada com diferentes desafios, tais como: indisponibilidade de informação, indisponibilidade de insumos e fraca melhoria da tecnologia, portanto, a secção governamental tem um papel muito importante no desenvolvimento de produtos inovadores como o fertilizante biológico, por um lado, é eficaz através da melhoria da tecnologia para informar os agricultores sobre o desenvolvimento de produtos eficazes (Moalem e Eshghizadeh, 2007). No que diz respeito a este facto, a proteção pública da produção biológica sob a forma de subsídios, normalização, estabelecimento de oficinas e centros de investigação, marketing, políticas de motivação e ajuda à exportação resultaram no aumento de tais produtos, mas no Irão estas protecções estão num nível muito baixo (Saiedi, 2012).

Enyong *et al.,* (1999) acreditam que as fracas políticas estatais e a fraca ligação entre a extensão e a investigação estão entre os factores que inibem a adoção pelos agricultores no contexto das tecnologias de gestão dos solos agrícolas: Ajoodani (2009) considera que a falta de regulamentação consolidada e integrada e de regras de proteção dos fertilizantes biológicos, a falta de personalização e de promoção da utilização de produtos saudáveis pelos consumidores, a falta de planeamento integrado e de elaboração de políticas a todos os níveis (nacional, local e regional), a falta de regulamentação para melhorar a comercialização de produtos biológicos saudáveis, a falta de preparação de normas e regras adequadas para pesticidas químicos e tóxicos, a falta de estabelecimento e desenvolvimento de subestruturas de produção para produtos saudáveis e de alta qualidade são considerados alguns dos obstáculos à aplicação de fertilizantes biológicos.

2-26-6. Barreiras educativas na aplicação de fertilizantes biológicos

A falta de conhecimentos técnicos dos agricultores no contexto dos fertilizantes biológicos causou a sua utilização subóptima. Como se verificou, o consumo intensivo de alguns fertilizantes biológicos não só provocou um aumento do produto, como também constitui uma oportunidade para reduzir a produção (Chaharsoughi *et al.*, 2007).

A falta de realização de reuniões educativas para os agricultores, de cursos educativos sobre os métodos de utilização de fertilizantes biológicos, a falta de publicação de investigações e trabalhos sobre as vantagens dos fertilizantes biológicos no departamento agrícola, a falta de CDs educativos e de informação adequada sobre a importância do consumo de fertilizantes biológicos na higiene dos ingredientes alimentares e a incapacidade dos profissionais para transferir dados para os agricultores são considerados obstáculos educativos à aplicação de fertilizantes biológicos (Ajoodani e Mehdizadeh, 2009).

Os obstáculos incluem a falta de motivação dos agricultores para utilizar fertilizantes biológicos através de profissionais, a falta de conhecimento dos agricultores sobre as vantagens dos fertilizantes biológicos (Minaie e Sabouri, 2010).

Asghari (2003) acreditava que a cooperação com agentes e centros de extensão, a participação em programas de extensão, a educação individual, a influência de outros agricultores, a comunicação entre assistentes de extensão e agricultores, a comunicação com agricultores selecionados e a área cultivada de algodão estavam entre as variáveis eficazes na adoção do controlo biológico e que a desconsideração destes factores resultava na não adoção do controlo biológico.

Pany *et al.* (2008) mencionaram que a falta de serviços de consultoria no contexto da aplicação de fertilizantes biológicos, a falta de uma avaliação adequada das necessidades em relação aos respectivos programas educativos, a falta de conteúdos educativos adequados para apresentar aos agricultores e a falta de relação entre os centros de investigação e de ensino afectaram a falta de acessibilidade dos agricultores aos fertilizantes biológicos.

Chomba (2004) acredita que a falta de representação de recomendações adequadas e profissionais aos agricultores no contexto da aplicação de fertilizantes biológicos, a indisponibilidade e a falta de eficácia em termos de custos das tecnologias de proteção agrícola, a falta de formação de uma equipa interdisciplinar que inclua investigadores e profissionais para representar um plano adequado, a falta de melhoria do conhecimento dos agricultores sobre o mercado de venda de produtos agrícolas biológicos nos mercados internos são alguns dos factores com efeito negativo sobre os obstáculos ao planeamento educacional.

Enyong *et al.* (1999) consideram que as políticas estatais fracas e a fraca ligação entre a extensão e a investigação são alguns dos factores que inibem a adoção pelos agricultores de tecnologias de gestão dos solos agrícolas.

2-26-7. Barreiras à comercialização da aplicação de fertilizantes biológicos

No processo de fornecimento de produtos biológicos ao mercado de venda (sistema de produção-consumo), a função de comercialização adequada é de grande importância, uma vez que este desempenho é considerado como um objetivo do desenvolvimento agrícola. Sem dúvida, a recolha, conservação e armazenamento atempado dos produtos biológicos, tendo em conta os critérios e princípios científicos, bem como os dados prévios do mercado, são considerados como os anéis das cadeias do sistema de comercialização. São uma das actividades importantes e eficazes no domínio do desenvolvimento agrícola. O sistema de comercialização agrícola e as respectivas políticas comerciais têm um efeito sobre o preço recebido pelos agricultores, o que, por sua vez, afecta a produtividade dos produtos agrícolas (Shabd, 2009). Atualmente, um dos principais desafios dos agricultores e da população rural para obter produtos biológicos (fertilizantes) é a presença de um mercado adequado. Na verdade, pode afirmar-se que a falta de um sistema de serviços ótimo para fornecer insumos e vender produtos biológicos impede a máxima eficiência dos recursos hídricos e do solo e das terras férteis, pelo que é considerado um dos obstáculos à comercialização (Rezaie moghadam *et al.,* 2010).

Entre outros factores que desafiam os agricultores no contexto da comercialização de produtos biológicos, podemos referir os seguintes:

- Falta de aquisição garantida de produtos saudáveis e de alta qualidade pelo governo.
- Inacessibilidade aos mercados nacionais para exportar produtos saudáveis e de alta qualidade.
- Falta de preços adequados para produtos saudáveis e de alta qualidade por parte do governo.
- Problemas relacionados com os transportes
- Problemas relacionados com a armazenagem
- Escassez de crédito público e de investimento
- Escassez de informação e de dados no contexto da comercialização de produtos biológicos.

2-26-8. Barreiras psicológicas na aplicação de fertilizantes biológicos

As barreiras psicológicas são factores restritivos que confrontam os agricultores com a escassez ou a falta de conhecimentos e informações para transitarem pelos campos biologicamente. A agricultura biológica necessita de novas abordagens e funções, bem como de uma gestão eficiente dos campos. A maioria dos agricultores tem conhecimentos restritos e ideias erradas a este respeito. Com base nestes mal-entendidos, que não podem ser adoptados pelo sistema de gestão, alguns agricultores pensam que os inspectores são intransigentes e problemáticos. Não estão muito optimistas quanto ao futuro das políticas ambientais. Este problema verifica-se em países em que as políticas relacionadas com a sustentabilidade não são estáveis (Acs, 2006). A falta de autoconfiança dos agricultores para adotar novas abordagens é outro obstáculo. De entre outras barreiras psicológicas, podemos mencionar as seguintes:

- Baixa assunção de riscos por parte dos agricultores
- Aceleração da redução do período de cultivo para um acesso mais rápido à produção
- Resistência dos agricultores

Por outro lado, a disponibilidade de insumos (fertilizantes, cobertura morta, composto e sementes), a falta de gestão adequada no campo, a falta de oportunidades de cooperação com organizações relacionadas, a falta de autoconfiança e a falta de risco dos agricultores para adotar fertilizantes biológicos foram considerados como barreiras psicológicas eficazes (Ajoodani e Mehdizadeh, 2009), também, a falta de fornecimento atempado de insumos tem um efeito negativo na adoção da inovação e actua como uma força inibidora (Keshavarz *et al.*, 2010).

2-27. Conclusão da terceira secção

Hoje em dia, a sustentabilidade é considerada como um critério para avaliar diferentes actividades. O aumento do crescimento da população, a necessidade de fornecer os seus alimentos e, consequentemente, uma maior pressão sobre os recursos actuais que põem em perigo o ambiente e a vida das gerações futuras levaram a que os diferentes países prestassem mais atenção ao desenvolvimento sustentável da agricultura. Os profissionais e os decisores políticos recomendaram diferentes métodos para fazer face aos desafios do desenvolvimento sustentável da agricultura e alcançar os seus objectivos. Durante o processo de desenvolvimento sustentável da agricultura, o Irão está a confrontar-se com vários desafios. A resolução desses problemas e a utilização das oportunidades oferecidas requerem uma gestão global ou integrada. Ao determinar estratégias e planear os seus programas, esta gestão tem frequentemente considerado a categoria da sustentabilidade. Para melhorar as actividades internas e externas, este estilo de gestão recomenda procedimentos e, finalmente, procura o bem-estar de toda a população. Uma vez que a maioria dos métodos e instrumentos principais foram aplicados para aumentar a produção e o desenvolvimento agrícola e são homogéneos na maioria dos países, abordando o comércio livre global, a necessidade de respeitar as suas regras e normas e os problemas ambientais que ocorrem, como a redução dos recursos hídricos e a erosão intensiva do solo, é possível alcançar os objectivos do desenvolvimento agrícola sustentável através de uma cooperação alargada a nível global, beneficiando também das experiências de diferentes países.

Quarta secção:

Antecedentes da investigação

Nesta parte, faz-se referência a um resumo de estudos sobre a aplicação de fertilizantes biológicos na perspetiva dos agricultores e, com base neles, foram extraídas as variáveis mais eficazes.

2-28. Investigações efectuadas no âmbito da aplicação de fertilizantes biológicos

2-28-1. Investigação externa (no estrangeiro):

Saka *et al.,* (2005): Estudaram a adoção de variedades de arroz modificadas entre os agricultores de pequena escala do sudoeste da Nigéria. Os resultados da investigação mostraram que ser proprietário de terras agrícolas, o número de contactos de extensão e a área cultivada têm um efeito significativo na adoção de variedades modificadas. Entretanto, não houve diferenças significativas entre o grupo que aceita e o que rejeita a inovação no que respeita a variáveis como o género, o sistema agrícola, a monocultura ou a cultura combinada e a pertença a diferentes associações.

Josh e Pandy (2005): Especificaram os factores eficazes na adoção de novas variedades de arroz no Nepal. Nesta investigação, factores como os anos de escolaridade, a experiência e a comunicação com a extensão têm um efeito positivo e significativo na adoção de variedades modernas, mas a dimensão do campo, a eliminação de pragas e a seca não mostraram um efeito significativo nesta adoção.

Tohidi moghadam *et al.*, (2004): Concluiu que a utilização de bactérias que resolvem o problema dos fosfatos provocou um aumento do desempenho da soja em comparação com os fertilizantes químicos. Substituindo fertilizantes químicos fosfatados por fertilizantes biológicos fosfatados em 7 províncias de cultivo de trigo, determinou-se que o biofertilizante competiria com o fertilizante químico de forma simples e melhoraria o desempenho dos grãos em proporção ao fertilizante químico superfosfato triplo de 576 kg.

Os resultados de Tanwar *et al.*, (2002), utilizando diferentes tratamentos de fertilizante de fósforo e bactérias de rizóbio e bacilo na planta de grama preta, mostraram que a interação entre o fósforo e a taxa de biofertilizante era significativa. Além disso, a injeção de duas vacinas em adição à aplicação de 60 kg/hac de fertilizante fosfórico resultou no maior número de nós na planta, melhorando também o desempenho das sementes. Os resultados dos testes mostraram que o desempenho do grão e a absorção de fósforo aumentaram significativamente em vários tratamentos, incluindo o microrganismo de resolução de fosfato em relação ao grupo de controlo.

Karimian (2000) referiu que os cereais (grãos), especialmente o milho, são os que mais necessitam de fertilizantes químicos. Por conseguinte, a utilização de produtos biológicos para alimentar os cereais é um dos principais métodos vantajosos para aumentar o desempenho, melhorar a qualidade do produto no sentido de proporcionar segurança alimentar, sustentabilidade na produção, melhorar o nível de saúde social através da produção de produtos agrícolas sem quaisquer tóxicos químicos.

Jat e Shaktawat (2003) mostraram que os resultados obtidos com o consumo de biofertilizante fosfatado em comparação com o suprafosfato triplo no milho, na soja e no trigo sugerem o efeito positivo deste fertilizante. Foi determinado que o biofertilizante fosfatado melhora consideravelmente o desempenho.

Pany *et al.*, (2008) efectuaram uma investigação intitulada. Assessment of farmers' knowledge, vision and attitude in the context of proper application of agricultural soil management methods (Avaliação do conhecimento, visão e atitude dos agricultores no contexto da aplicação correta de métodos de gestão dos solos agrícolas). Os resultados obtidos mostraram que a avaliação dos conhecimentos e competências dos agricultores no que diz respeito à aplicação da gestão agrícola do solo antes de cada ação educativa tem um papel importante na melhoria da capacidade e no desenvolvimento dos recursos humanos, no sucesso dos programas educativos e de extensão do solo e na sustentabilidade dos solos do campo.

Ordonez *et al.*, (2010) numa investigação intitulada "factores eficazes na adoção de fertilizantes biológicos em campos de cacau no Equador" concluíram que existe uma relação positiva entre os factores individuais, sociais e económicos na adoção de fertilizantes biológicos. Em contrapartida, existe uma relação negativa entre os factores culturais e ambientais.

Khaledi (2007), numa investigação intitulada "Considerando os obstáculos à progressão da agricultura biológica: análise institucional", concluiu que a falta de conhecimentos e competências necessários para gerir um campo biológico e a falta de oportunidades de mercado para os produtos biológicos são consideradas as razões mais importantes para a aplicação de métodos de agricultura biológica. Ao contrário de alguns estudos, este mostrou que a não-produtividade da agricultura biológica não é uma razão considerável para a aplicação de métodos de agricultura biológica.

Nowler e Bradshaw (2006), numa investigação intitulada "factors effective of farmers investment on agricultural soil methods", analisaram 31 estudos publicados em países da América Latina e de África: os resultados mostraram que a maioria destas investigações se baseou em caraterísticas individuais, comportamentais, educativas, de extensão, económicas e agrícolas e prestaram pouca ou nenhuma atenção ao efeito das caraterísticas socioculturais como um dos factores mais comuns que influenciam os solos cultivados.

Esilaba *et al.*, (2005) efectuaram uma investigação intitulada "os obstáculos à aplicação de métodos de gestão da fertilidade do solo": os resultados mostraram que os principais obstáculos incluem a deficiência de terra, a limitação da mão de obra e a indisponibilidade de cobertura vegetal e outros factores de produção (fertilizantes, cobertura vegetal, composto e sementes).

Chamba (2004), numa investigação sobre os "factores que influenciam a adoção de métodos de proteção da água e do solo por pequenos agricultores na Zâmbia", concluiu que os principais desafios da gestão do solo incluem: a relação entre eficiência e desempenho, a segmentação das terras agrícolas e a pobreza rural.

Enyong *et al.* (1999), numa investigação sobre o "ponto de vista dos agricultores relativamente à fertilidade dos solos e à melhoria da inovação", concluíram que a maioria dos agricultores locais tinha conhecimentos suficientes sobre os problemas relacionados com a gestão dos solos agrícolas e, consequentemente, com a redução da produção de nutrientes, mas enfrentavam desafios no contexto das tecnologias de gestão dos solos agrícolas. Os principais desafios incluíam a falta de motivação, a indisponibilidade de dados, políticas governamentais fracas, fraca relação entre extensão e investigação, falta de aplicação ou emprego de líderes locais para alargar as técnicas agrícolas modernas, mercado inadequado para os produtos, impossibilidade de seguro dos produtos e inacessibilidade aos factores de produção.

Linda *et al.*, (2012) numa pesquisa intitulada "melhoria contínua da adoção de uma inovação: a produção de fertilizantes biológicos nas Filipinas" concluiu que: a maioria dos agricultores tem sido confrontada com problemas como: indisponibilidade de dados, indisponibilidade de insumos e fraca melhoria tecnológica. Por conseguinte, o sector governamental tem um papel muito importante no desenvolvimento de produtos inovadores como os fertilizantes biológicos que, por um lado, através da melhoria tecnológica no sentido de informar o agricultor é eficaz para desenvolver vários produtos.

Sharma *et al.* (2005), na sua investigação, concluíram que existe uma relação positiva significativa entre o rendimento anual, o nível de instrução e a utilização de métodos colectivos e a adoção de tecnologias agrícolas sustentáveis, mas não existe uma relação significativa entre a idade e a adoção de tecnologias agrícolas sustentáveis.

Numa investigação, Wu *et al.*, (2005) mostraram que a utilização de fertilizantes biológicos melhorou a estrutura física do solo, tendo também proporcionado às plantas o conteúdo orgânico e o azoto disponível. A gestão dos fertilizantes é um fator importante para o sucesso do cultivo de plantas medicinais.

Lahmar, (2010) mencionou os motivos e barreiras mais importantes para a adoção da agricultura de proteção, incluindo 1) condições de campo e de mercado 2) condições biofísicas 3) ambientes políticos, institucionais, tecnológicos e socioculturais e 4) principais efeitos sobre o ambiente e a higiene da comunidade.

Os resultados de Akbari e Asadi (2008) no artigo intitulado: "considering consumers' viewpoint and factors effective on adoption of organic products" mostraram que não existe uma relação significativa entre o género e o conhecimento individual sobre produtos biológicos.

Cochran (2003), numa investigação intitulada "considering the causes of nonadoption of sustainable agriculture by farmers in Panama, central American" (considerando as causas da não adoção da agricultura sustentável pelos agricultores do Panamá, América Central), referiu-se a factores como a procura de mão de obra e os custos elevados, as limitações da terra, a falta de equipamento adequado, a expetativa de adoção por outros agricultores, o desinteresse e a falta de eficiência.

2-28-2. investigação interna (nacional)

Num estudo intitulado "Factores que influenciam a não adoção de variedades frutíferas de arroz entre os agricultores da província de Gilan", Keshavarz et.al (2010) demonstraram que os seguintes factores tiveram um efeito negativo na adoção da inovação e actuaram como forças inibidoras: falta de fiabilidade das variedades frutíferas durante os períodos de venda, baixa qualidade e elevada venda de produtos prolíferos, baixa produtividade em comparação com as variedades autóctones, atraso no fornecimento de factores de produção, longevidade do cultivo, necessidade de mais irrigação, maior consumo de fertilizantes e falta de resistência das variedades férteis contra pragas e doenças.

Chaharsooghi *et al.* (2007), numa investigação intitulada "Considerando os factores eficazes na adoção de métodos agrícolas sustentáveis no cultivo irrigado por produtores de trigo na província de Sistan va Baluchistan", concluíram que, entre as variáveis relacionadas com os factores económicos, a variável aumento do desempenho da produção é a mais eficaz na adoção de métodos agrícolas sustentáveis; dos factores extensivos-educacionais, a comunicação com os agentes de extensão agrícola é a que tem mais efeito na adoção de métodos agrícolas sustentáveis. Tendo em conta os indivíduos considerados (estudo de caso), a variável frequência em salas de aula educativas é a que tem mais efeito sobre esta adoção.

Numa pesquisa "considerando o papel da extensão na adoção do combate biológico entre os agricultores de algodão na região de Dashte-Moghan" Asghari, (2003) concluiu que as seguintes variáveis mostraram uma relação significativa entre a idade, a adoção de tecnologia agrícola sustentável e a variável dependente da pesquisa (adoção do controlo biológico das pragas do algodão): freqüência em salas de aula de extensão, participação em reuniões de extensão, visita a campos demonstrativos, participação em semana de transmissão de dados, preço de tóxicos químicos, filiação a sindicatos rurais, cooperação a especialistas e centros de extensão, participação em programas de extensão, educação individual, custos de combate biológico, fácil acesso a insumos biológicos, eficácia de outros agricultores, relação entre agricultores-assistente de extensão, comunicação a agricultores selecionados e área cultivada de algodão. Já as variáveis idade, nível de escolaridade, participação em conselhos islâmicos rurais, área académica, posse de máquinas agrícolas, utilização de programas audiovisuais, recomendação de familiares, número de filhos e histórico de cultivo não tiveram relação significativa com a variável dependente da pesquisa.

Os resultados obtidos na regressão passo a passo de Dinipanah *et al.* (2009), numa pesquisa intitulada "Analisando o efeito da abordagem da escola no campo sobre a adoção biológica por produtores de arroz na cidade de Sari", mostraram que variáveis como: o conhecimento do combate biológico, a vantagem relativa, o nível de mecanização, a história da cultura do arroz, a participação social, o número de contatos com o agente de extensão, o uso de recursos informáticos e a comunicação especificaram 75,9% das mudanças na adoção do combate biológico em produtores de arroz que não participaram de escolas de campo.

Ghorbani *et al.* (2010), numa investigação intitulada "Factores que influenciam a tendência dos produtores de trigo para participarem no plano de substituição verde na adoção e aplicação da função de proteção do solo: estudo de caso: Khorasan Razavi province" concluíram que as variáveis rendimento do agregado familiar, declives do terreno, créditos necessários para proteger o solo ao nível do campo e conhecimentos dos agricultores sobre os efeitos da proteção do solo e o rácio entre o declive do terreno e a área cultivada tiveram um efeito positivo no plano acima referido, mas a proteção do solo teve um efeito negativo.

Pezeshkirad *et al.* (2009), numa investigação intitulada "Factores eficazes do investimento dos agricultores de beterraba no contexto das tecnologias de melhoramento dos solos agrícolas na província de Khorasan", concluíram que as variáveis rendimento agrícola anual, teste dos solos, aplicação das orientações de extensão, competências dos agricultores no contexto da gestão dos solos e participação social foram factores eficazes do investimento dos agricultores em tecnologias de melhoramento dos solos agrícolas.

Rezaie Moghadam *et al.* (2010), numa investigação sobre o "estudo dos conhecimentos dos profissionais do departamento agrícola da província de Fars no contexto da agricultura biológica", mostraram que a acessibilidade à informação ambiental e agrícola tem o efeito mais direto e significativo nos conhecimentos dos profissionais no contexto da agricultura biológica. Estes resultados sugerem um efeito direto, positivo e significativo da idade e do ponto de vista sobre o efeito da saúde nos conhecimentos dos profissionais no domínio da agricultura biológica.

Ajoodani *et al,* (2010), numa investigação intitulada "Surveying the possibility of organic agricultural development and extension in the view of agricultural professionals in Kermanshah province", mostraram que, na opinião dos inquiridos, os factores educativos, económicos, técnicos, de gestão, sociais, psicológicos e de definição de políticas mais importantes para a utilização da agricultura biológica foram considerados prioritários, como se segue aos agricultores que visitam as terras de investigação biológica na província de Fars o fornecimento de subsídios adequados para fornecer os factores de produção, os instrumentos e o equipamento necessários à agricultura biológica, a criação de equipas multidisciplinares que incluam profissionais e investigadores, a participação dos agricultores, a avaliação e a extensão dos resultados da investigação, a capacidade dos profissionais para comunicar informações relacionadas com a agricultura biológica e a preparação de normas específicas relativas à comercialização e transformação de produtos biológicos.

Sharifi e Haghnia (2007), numa investigação intitulada "o efeito do fertilizante biológico Nitroxina no desempenho e nos componentes da variedade de trigo Sabalan", mostraram que a Nitroxina foi eficaz no desempenho e nos componentes da variedade Sabalan, uma vez que este fertilizante tem um efeito positivo no desempenho do grão e da palha, no comprimento do arbusto, no comprimento da espícula, no número de grãos em cada espícula e no número de espículas em cada metro quadrado$^{(m}$ 2).

Dehghani Meshkani *et al.* (2011), na sua investigação intitulada "o efeito de fertilizantes químicos e biológicos no desempenho qualitativo e quantitativo de Anthenis pseudocotula", mostraram que a aplicação de biofertilizantes aumentaria o desempenho quantitativo e qualitativo, aumentando também significativamente a altura dos arbustos, o tamanho e o diâmetro do capitulo, bem como o desempenho quantitativo, como a matéria seca dos órgãos aéreos em Anthenis pseudocotula. Além disso, a aplicação de biofertilizantes resultou na redução do consumo de fertilizantes químicos no ecossistema agrícola.

Khorramdel *et al.,* (2010) na investigação "o efeito de fertilizantes biológicos no desempenho e componentes da planta medicinal Nigella Sativa" mostrou que não havia uma correlação significativa entre o número de cápsulas em cada arbusto e o desempenho do grão, mas havia uma relação positiva e significativa entre o desempenho do grão e outros componentes. Por conseguinte, parece que a aplicação de fertilizantes biológicos adequados seria eficaz para melhorar o desempenho da Nigella Sativa e dos seus componentes.

2-29. Modelo teórico

Na agricultura, a melhoria e a proteção da fertilidade do solo são de grande importância para fornecer nutrientes à população em crescimento. Através de uma gestão adequada da fertilidade do solo, é possível fornecer nutrientes essenciais às plantas e, consequentemente, melhorar o seu desempenho.

A obtenção de um elevado rendimento em termos de biomassa é possível através do estabelecimento de um sistema radicular ativo, facilitado pela existência de ingredientes orgânicos na rizosfera. Além disso, as raízes das plantas libertam cerca de 17% dos materiais fotossintéticos disponíveis e uma grande fração é fornecida aos organismos do solo. Esta combinação proporciona uma oportunidade de crescimento da população microbiana e de aumento da sua densidade, sendo também eficaz na extensão e diversidade das suas actividades. No entanto, qualquer alteração na gestão da fertilidade do solo (por exemplo, equilíbrio na fertilização, utilização de materiais orgânicos, etc.) tem um grande efeito na relação solo-planta e, subsequentemente, na produção e na sustentabilidade do ecossistema. Uma função comum de acordo com os princípios da agricultura sustentável no que respeita à fertilidade do solo é a aplicação de biofertilizantes. Os biofertilizantes incluem materiais comprimidos compostos por um ou mais organismos benéficos do solo ou como um produto metabólico destes organismos que é aplicado para fornecer os nutrientes necessários às plantas em todos os ecossistemas culturais (Dehghani Meshkani *et al.,* 2011).

No que respeita a esta introdução e à situação dos fertilizantes biológicos na agricultura, este estudo analisa os obstáculos à aplicação de fertilizantes biológicos na opinião dos agricultores da cidade de Shirvan Chardavol, província de Ilam. As barreiras efectivas à aplicação de fertilizantes biológicos incluem factores sociais, culturais, ambientais, de marketing, económicos, políticos, psicológicos e de educação-extensão. O quadro teórico da investigação atual está representado na figura 2-1.

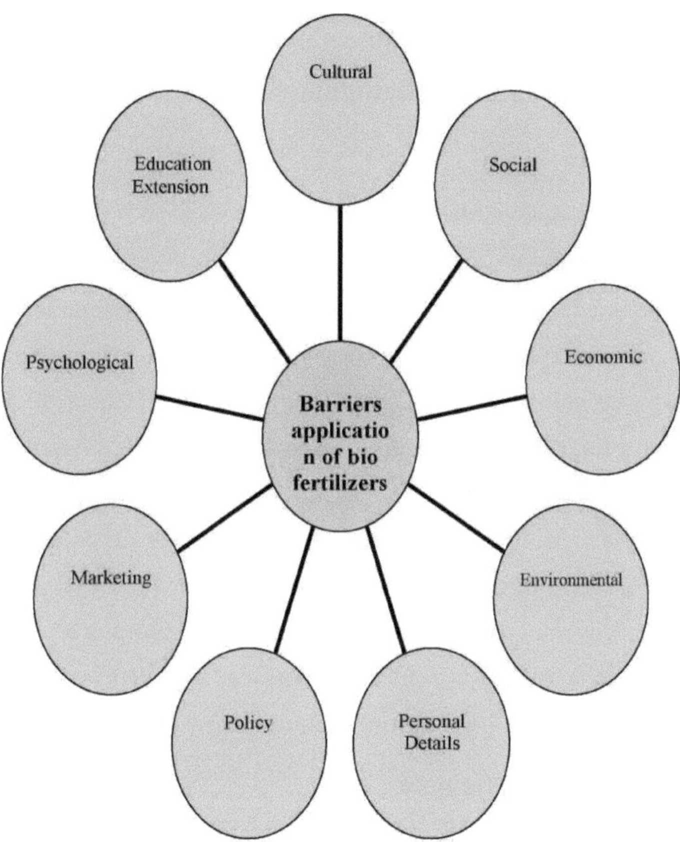

Fig 2-1: modelo teórico da investigação

Capítulo 3
Metodologia

3- 1. Introdução

A introdução da metodologia de investigação é uma secção importante de todas as teses. A validade da investigação e das suas conclusões está sujeita à aplicação da metodologia mais adequada. Hoje em dia, a validade dos domínios científicos é identificada através de métodos de investigação. A atenção ao método de investigação para obter respostas mais precisas e rápidas é de grande importância. Tendo em conta os casos acima referidos, este capítulo apresenta o método de investigação e a sua identidade, a população estatística, o método de amostragem, os instrumentos de investigação e a sua fiabilidade, os métodos de recolha de dados e os métodos de análise de dados. Nesta base, para realizar esta investigação, em primeiro lugar, foi obtido um conhecimento abrangente sobre o tema da tese através da revisão da literatura (documentos, provas, livros científicos e recursos administrativos relacionados com os objectivos da investigação).

3- 2. Método de investigação

Depois de determinar o objetivo da investigação, a seleção do método de investigação é uma das tarefas necessárias do investigador. Uma vez que a presente investigação aplicaria os princípios e a técnica da investigação básica para resolver problemas administrativos e tenta aplicar os conhecimentos na prática, é identicamente aplicacional, uma vez que o investigador tenta representar o assunto sem qualquer intervenção ou dedução subjectiva e apenas para explicar as variáveis na comunidade de investigação, ou seja, é impossível controlar ou manipular as variáveis da investigação pelo investigador, esta é descritiva (não experimental) e, metodologicamente, esta investigação é um inquérito estatístico.

3- 3. População estatística

A população estatística era um conjunto de unidades com algumas caraterísticas mútuas. A população estatística era constituída por agricultores do município de

Shirvan Chardavol. Com base nas estatísticas do departamento agrícola de Shirvan Chardavol, eram 1500 indivíduos em 2011.

3-4. Dimensão da amostra e método de amostragem

A amostra é um pequeno representante de toda a sociedade com as suas caraterísticas selecionadas para facilitar a análise da investigação (Mansourfar, 2008).

Para determinar o volume da amostra, foi utilizada a fórmula de Cochran. Como a dimensão da população estatística foi estimada com base no recenseamento do departamento agrícola de Shirvan Chardavol, foi utilizada a fórmula de Cochran. Aqui

$$n = \frac{N(ts)^2}{Nd^2 + (ts)^2}$$

$$n = \frac{1500(1/96)^2(0/7)^2}{1500(0/05)^2 + (1/96)^2(0/7)^2} \equiv 501$$

População estatística (N) = 1500

Nível de confiança (t) =1,96

Desvio-padrão (as barreiras à aplicação de fertilizantes biológicos na opinião dos agricultores de Shirvan Chardavol) (S) = 0,7

Distância de confiança (d) = 0,05

Para determinar a dimensão da amostra, foi utilizado o método de amostragem proporcional estratificada.

3- 5. Instrumentos de investigação

Para a recolha de dados, os principais instrumentos de investigação foram um questionário com duas secções principais: a primeira secção incluía 51 opções. O seu objetivo era avaliar a opinião dos agricultores relativamente às barreiras à aplicação de fertilizantes biológicos. Esta secção consistia em 9 subsecções, incluindo: extensão-educacional, barreiras sociais, culturais, económicas, de marketing, psicológicas, de decisão política e ambientais. Foram abordadas numa escala de Likerts de 5 pontos (1: muito baixo, 2: baixo, 3: médio, 4: alto, 5: muito alto). A segunda secção incluía as caraterísticas individuais dos inquiridos.

3- 6. Validade e fiabilidade dos instrumentos de investigação

A conversão das respostas em dados é uma parte importante do processo científico de investigação. Para transformar as respostas em dados, o investigador utiliza um instrumento de medição. Depois de determinar números ou valores para objectos, indivíduos ou acontecimentos, o investigador é confrontado com a validade e a fiabilidade. Se um investigador não tiver em conta a validade e a fiabilidade da investigação, não poderá garantir os resultados e as conclusões da investigação.

3- 6-1. Validade

Validade significa que um instrumento de medição mede apenas as respectivas caraterísticas e não outras, por outras palavras, validade significa o grau de capacidade do teste para medir a respectiva variável (Sarmad et.al, 2006). Neste caso, para avaliar a validade dos instrumentos de investigação, foi fornecido um questionário ao supervisor e ao orientador. Assim, após a realização das considerações necessárias e a recolha das suas opiniões e respectivas correcções, obteve-se a validade do questionário.

3- 6-2. Fiabilidade

A fiabilidade diz respeito ao facto de que, nas mesmas condições ou em condições homogéneas, os resultados dos instrumentos de medida são, em certa medida, os mesmos. Para avaliar a fiabilidade dos questionários elaborados, para cada parte das perguntas, foi obtido separadamente um coeficiente de Cronbach que sugeria a internalidade das escolhas e do questionário.

No total, para os instrumentos de pesquisa aplicados sobre as barreiras à aplicação de fertilizantes biológicos na opinião dos agricultores de Shirvan Chardavol, obteve-se um Cronbach (78-92%).

3- 7. Métodos de recolha de dados

Neste caso, foram utilizados três métodos para a recolha de dados, como se segue:

a. Estudo bibliotecário e documental: no início desta investigação foi efectuado um estudo exaustivo em documentos, recursos bibliotecários como livros, teses académicas, enciclopédias, revistas de investigação e científicas, não só com o objetivo de reforçar as bases teóricas, mas também de utilizar os resultados obtidos em relação a esta investigação.

b. Pesquisa de recursos electrónicos: para obter conhecimentos sobre os resultados de estudos externos e obter resultados de investigações científicas, bem como recursos e intercâmbio de dados, foi utilizada a pesquisa na Web e o correio eletrónico.

c. Estudos de campo: neste método, foi utilizado um questionário para recolher dados e informações. Para responder a eventuais ambiguidades das perguntas, os questionários foram preenchidos no local e os dados necessários foram recolhidos.

3- 8. Métodos estatísticos

Para analisar os dados da investigação, no que diz respeito à identidade da investigação, foram utilizados valores estatísticos de tendência central (média, coeficiente de variação, mediana, moda, frequência, percentagem) e medidas de dispersão (por exemplo, desvio-padrão, variância).

O objetivo da análise inferencial é obter resultados sobre a comunidade considerada com base em estudos realizados. Nesta secção, é utilizada a análise de factores. A análise fatorial é um método de redução de dados. Na maioria dos casos, havia muitas variáveis, pelo que a sua análise não era tão simples (Payandeh e Omidi, 2010).

Capítulo 4

Resultados e conclusões

4- 1. Introdução

A presente investigação analisou as barreiras à aplicação de fertilizantes biológicos na perspetiva dos agricultores da cidade de Shirvan Chardavol. Os resultados obtidos foram estudados nas secções descritiva e inferencial. Aqui, o principal objetivo da análise descritiva foi apresentar as caraterísticas individuais e as barreiras à aplicação de fertilizantes biológicos na perspetiva dos agricultores, bem como a estatística descritiva dos factores considerados. Na análise inferencial, é representada a relação entre as respectivas variáveis medidas oferecidas.

Primeira secção: estatísticas descritivas

Esta secção apresenta os resultados das estatísticas descritivas estimadas.

4- 2. Estatísticas descritivas relativas aos agricultores

Idade

Com base nos dados da recolha, 35% dos agricultores situavam-se entre os 25 e os 40 anos, 45,2% entre os 41 e os 56 anos, 19% entre os 57 e os 72 anos e 8% entre os 73 e os 88 anos.

Tabela 4-1. Idade

Age	Frequency	Percentage	Valid percentage	Cumulative percentage
25-40	175	34/9	35	35
41-56	226	45/1	45/2	80/1
57-72	95	18/9	19	99/2
73-88	4	0/7	0/8	100
Missing	1	0/1	-	-
Total	501	100	100	-

Mean: 46/18 Mode:39 Median: 45 Standard Diviation: 1/03

Minimum: 25 Maximum: 85

Nível de educação

Como mostram os resultados, 4,4% dos agricultores eram analfabetos, 10,6% com conhecimentos de leitura e escrita, 7,6% com o ensino primário, 11% com orientação, 46% com o ensino secundário (pré-diploma), 25,5% com diploma, 20,4% com know-how e 14% com especialização.

Quadro 4-2 . Formação

Education	Frequency	Percentage	Cumulative percentage
illiterate	22	4/4	4/4
reading and writing	53	10/6	15
primary	38	7/6	22/6
Guidance	55	11	33/5
high school	33	6/6	40/1
Diplom	128	25/5	65/7
Know-how	102	20/4	86
Expert	70	14	100
Total	501	100	-

Mode: Diplom Median: Diplom

Contexto agrícola

Com base nos dados da recolha, 45,6% dos agricultores exerceram actividades agrícolas entre os 3 e os 22 anos, 47% entre os 23 e os 42 anos e 7,3% entre os 43 e os 62 anos.

Quadro 4-3 . Contexto agrícola

Year	Frequency	Percentage	Valid percentage	Cumulative percentage
3-22	224	44/7	45/6	45/6
23-42	231	46/1	47	92/7
43-62	36	7/2	7/3	100
Missing	10	2	-	-
Total	501	100	100	-

Mean: 24/34 Mode:25 Median:25 Standard Diviation: 1/09 Minimum:1

Máximo: 60

O número de contactos com o agente de extensão (Tempo de chamada)

Com base nos dados recolhidos, 84,9% dos agricultores contactaram os agentes de extensão agrícola com uma frequência de 1-8 vezes, 15,1% de 9-16 vezes.

Tabela 4-4. Tempo de chamada

Calling Time	Frequency	Percentage	Valid percentage	Cumulative percentage
1-8	337	75.2	84.9	84.9
9-16	67	13.4	15.1	100
Missing	57	11.4	-	-
Total	501	100	100	-

Mean: 4.39 Mode:3 Median:2 Standard Diviation: 3.33 Minimum:1 Maximum: 15

Cultivo Nível do terreno

No que respeita aos resultados da investigação, 39,4% dos agricultores tinham 1-6 hacs de terras agrícolas, 49,1%, 7-12 hacs, 11,1%, 13-18 hacs e 4%, 19-24 hacs.

Tabela 4-5. Cultivo Nível do terreno

Cultivation Land	Frequency	Percentage	Valid percentage	Cumulative percentage
1-6	192	38.3	3.4	3.4
7-12	239	47.7	49.1	88.5
13-18	54	10.8	11.1	99.6
19-24	2	0.4	0.4	100
Missing	14	-	-	-
Total	501	100	100	-

Mean: 7.96 Mode: 9hacs. Median:8 hacs. Standard Diviation: 3.76 Minimum:1 hacs Maximum: 21 hacs

Terrenos de peças agrícolas

Os resultados sugerem que 47,8% dos agricultores tinham 1-7 parcelas, 32,9%, 8-14, 18,8%, 15-21, 4%, 22-28 peças.

Quadro 4 - 6. Terras de peças agrícolas

agricultural pieces	Frequency	Percentage	Valid percentage	Cumulative percentage
1-7	231	46.1	47.8	47.8
8-14	159	31.7	32.9	80.7
15-21	91	18.2	18.8	99.6
22-28	2	0.4	0.4	100
Missing	18	3.6	-	-
Total	501	100	100	-

Mean: 8.5 Mode:4 Median:8 Standard Diviation: 5.04 Minimum:1 Maximum: 25

Evolução dos fertilizantes biológicos na ótica dos agricultores.

Os resultados mostraram que:

Em relação à primeira pergunta "os adubos biológicos estão mais de acordo com as regras naturais e o ambiente", 96,8% dos agricultores deram respostas corretas e 3,2 incorrectas.

Em relação à segunda questão, "os fertilizantes biológicos não são bons para suprir as necessidades nutricionais das plantas", 11,8% dos agricultores deram respostas corretas e 88,2 respostas incorrectas.

Em relação à terceira pergunta, "os fertilizantes biológicos são menos prejudiciais para o ambiente", 89,9% dos agricultores deram respostas corretas e 10,1 incorrectas.

Em relação à quarta pergunta, "os fertilizantes biológicos aumentam a produção anual", 88,9% dos agricultores deram respostas corretas e 11,1 incorrectas.

Em relação à quinta pergunta, "os produtos biológicos contêm mais resíduos de pesticidas do que os produtos não biológicos", 7,4% dos agricultores deram respostas corretas e 92,6 respostas incorrectas.

Tabela 4-7. Evolução dos fertilizantes biológicos na opinião dos agricultores

Items		Frequency	Percentage	Valid Percentage
biological fertilizers have more convergence with nature and environment regulations	Correct	482	96.2	96.8
	Incorrect	16	3.2	3.2
	Missing	3	0.6	-
biological fertilizers are not a good solution to supply plant's food requirements	Correct	59	11.7	11.8
	Incorrect	439	87.6	88.2
	Missing	3	0.6	0.6
biological fertilizers have less malignant effects for environment	Correct	444	88.6	89.9
	Incorrect	50	10	10.1
	Missing	7	-	-
biological fertilizers increase the annual production	Correct	441	88	88.9
	Incorrect	55	11	11.1
	Missing	5	-	-
biological products contain more poisonous elements than product which are produced by common methods	Correct	37	7.3	7.4
	Incorrect	461	96	92.6
	Missing	3	0.6	-

Opinião dos agricultores sobre os obstáculos à aplicação de fertilizantes biológicos

Para identificar as opiniões dos agricultores relativamente às barreiras à aplicação de fertilizantes biológicos, foram utilizadas 51 opções baseadas numa escala de Likert. Em relação às pontuações: "concordo totalmente" (5), "discordo totalmente" (1), as pontuações mais baixas e mais altas para cada resposta foram 51x1=51 e 51x5=255, respetivamente. Por conseguinte, todas as pontuações foram adicionadas e recodificadas. Assim, as pontuações foram classificadas da seguinte forma: 51-91% (discordou fortemente), 92-133 (discordou), 134-175 (médio), 176-217 (concordou) e 218-259 (discordou fortemente). Os resultados da pesquisa sugerem que a maioria dos agricultores (57,3%) acredita que as barreiras dos fertilizantes biológicos estão na faixa média.

Tabela 4-8. Opinião dos agricultores sobre as barreiras à aplicação de fertilizantes biológicos

Likert	Frequency	Percentage	Valid percentage	Cumulative percentage
Strongly disagree	2	0.3	0.4	0.4
Disagree	47	9.4	10.4	10.9
Medium	258	51.5	57.3	68.2
Agree	141	28.1	31.3	99.6
Strongly agree	2	0.3	0.4	100
Missing	51	10.2	-	-
Total	501	100	100	-

Likert: 1= Strongly disagree 2= Disagree 3= Medium 4= Agree 5= Strongly agree

Median: Medium Mode: Medium

Classificação dos pontos de vista dos agricultores em relação aos obstáculos à aplicação de fertilizantes biológicos

As escolhas de classificação com base no coeficiente de variação mostraram que os agricultores acreditavam que a falta de conhecimento sobre as vantagens dos fertilizantes biológicos, a falta de serviços de consultoria no contexto da aplicação de fertilizantes biológicos e a falta de publicidade relacionada com a aplicação de fertilizantes biológicos foram priorizadas com coeficientes de variação de 0,203, 0,218 e 0,219, respetivamente, do primeiro ao terceiro lugar e o aumento da taxa de erosão do solo devido ao uso de fertilizantes químicos foi o último lugar.

Tabela 4-9. Classificação dos pontos de vista dos agricultores em relação às barreiras à aplicação de fertilizantes biológicos

Ran-king	barriers to the application of biologic fertilizers	Mean	Standard Diviation	coefficient of Variation
1	Lack of farmers' awareness of biological fertilizers' benefits	4.18	0.85	0.203
2	Lack of consultative services in using biological fertilizers	3.75	0.82	0.218
3	Lack of advertisement in using biological fertilizers	3.91	0.86	0.218
4	Lack of farmers' visit of successful plains about biological fertilizers	4.05	0.99	0.244
5	Lack of establishing extensional instructive workshops for farmers about biological fertilizers	3.72	0.92	0.2473
6	Lack of planning in all levels (national, local, and regional) about using bio-products	3.96	0.95	0.2474
7	Lack of enacting supportive laws and regulations of biological fertilizers Problems related to transportation	3.65	0.91	0.249
8	High usage of chemical fertilizers in farms	4	1	0.25
9	Lack of publishing books and articles related to biological fertilizers by agriculture organization	3.51	0.89	0.2535
9	Lack of useful and effective instructions by distributors about biological fertilizers	3.55	0.90	0.2535
10	Lack of using precursor farmers in encouraging other farmers in using biological fertilizers	3.61	0.92	0.254
11	Lack of appropriate instructive contents about biological fertilizers	3.41	0.89	0.260
12	Lack of using local leaders in distributing modern technologies such using biological fertilizer	3.55	0.94	0.264
13	Lack of farmers' participation in activities relating to using biological fertilizers in farms	3.54	0.94	0.265
14	Lack of creating appropriate culture in using biological fertilizers among farmers	3.57	0.95	0.266
15	Lack of motivation in farmers in using biologic fertilizers	3.86	1.04	0.269
16	Lack of Needs assessment appropriate related to instructive programs in using biological fertilizers	3.23	0.90	0.276
17	Farmers' unawareness about how to use biological fertilizers	3.62	1.05	0.290
18	Lack of good and appropriate management in farms in order to implement plans related to biological fertilizers	3.83	1.13	0.295
19	Lack of good and appropriate management in organizations in order to implement plans	3.47	1.03	0.296
20	Lack of providing contribution grounds with related organizations in running biological fertilizers	3.30	0.95	0.296
21	High demand for workforce in bio-agriculture with respect to conventional agriculture	3.75	1.12	0.298
22	High costs of producing agricultural bio-products	3.48	1.04	0.298
23	Irrationality of agriculture engineers in order to encourage farmers to use biological fertilizers	3.42	1.04	0.304
24	Lack of providing financial motivation for farmers in using biological fertilizers	3.65	1.11	0.304
25	Lack of participation in private sector in order to introduce and distribute	3.67	1.12	0.305

	biological fertilizers between farmers			
26	Lack of determination of suitable price for high quality products by government	3.24	0.99	0.3055
27	Long period requirement so the useful effects of biologic fertilizers on the soil quality could be emerged	3.40	1.04	0.3058
28	Lack of instructive CDs about using biological fertilizers	3.20	0.99	0.309
29	The complexity of using biological fertilizers	3.37	1.05	0.311
30	Shortening the cultivation period for faster access to the results of the product	3.53	1.12	0.317
31	Lack of establishing extensional instructive workshops for farmers about biological fertilizers	3.67	1.22	0.323
32	Cost-benefit feature of using chemical fertilizers instead of biologic fertilizers	3.30	1.11	0.336
33	Lack of economic policies in order to support the farmers	3.13	1.06	0.338
34	Lack of self- confidence in farmers in order to accept new methods	3.18	1.10	0.345
35	Lack of informing about the importance of using biologic fertilizers in health of food stuff	3.06	1.06	0.346
36	Late acceptance feature of farmers	3.08	1.07	0.347
37	Fear of damaging product in time of using biological fertilizers	2.65	1.19	0.449
38	Lack of motivation in farmers in using biologic fertilizers	3.55	1.27	0.357
39	Lack of enacting laws and regulations in order to improve the marketing of bio-products	3.01	1.10	0.365
40	Less profitability in using biological fertilizers with respect to using chemical fertilizers	3.59	1.32	0.367
41	Expensiveness of biological fertilizers	3.24	1.20	0.370
42	Low risk-taking feature of farmers	3.07	1.14	0.371
43	Lack of communication between research and instructive centers about biological fertilizers	3.09	1.16	0.375
44	Lack of guaranteed purchase of healthy and high quality products by government	3.26	1.24	0.380
45	Problems related to transportation	2.83	1.15	0.406
46	Financial poverty and weakness of farmer	3.35	1.38	0.411
47	Lack of access to international markets in order to export healthy and high quality products	2.67	1.21	0.453
48	Problems related to storekeeping	2.77	1.32	0.476
49	Lack of conserving or reserving nutrients in soil and microorganism	2.77	1.34	0.483
50	Increase of soil erosion in using chemical fertilizers	2.46	1.28	0.520

Likert: 1= Discordo totalmente 2= Discordo 3= Médio 4= Concordo 5= Concordo totalmente

Segunda secção: Estatística analítica

4- 3. Estatísticas analíticas relativas aos agricultores

Aqui, o objetivo da utilização da análise de factores é determinar os obstáculos à aplicação de fertilizantes biológicos na opinião dos agricultores do município de Shirvan Chardavol. Determina-se a variância de cada variável no quadro de factores agrupados. No que diz respeito à análise de factores, esta investigação seguiu as seguintes etapas:

1- Determinar e reconhecer a adequação dos dados à análise fatorial através do teste KMO e Bartlett, sempre que o KMO for inferior a 0,5, os dados não foram adequados à análise fatorial, se estiver no intervalo de 0,5-0,7, a correlação existente entre os dados foi adequada à análise fatorial, se for superior a 0,7, a variável foi muito adequada.

2- Determinação do número (frequência) de factores: um ponto importante na análise fatorial é o número de factores extraíveis. Embora não seja apresentada uma base quantitativa precisa para a tomada de decisão sobre o número de factores extraíveis, existem princípios utilizados para determinar esta frequência. Estes critérios incluem

- Valor próprio
- Critérios prévios
- Percentagem de desvio
- Critérios de ensaio truncados (Kalantari, 2006)

Uma vez que a análise fatorial é exploratória nesta investigação, foi utilizado o primeiro indicador, ou seja, o valor próprio, a fim de extrair factores com um valor próprio superior a 1.

3- Rotação de factores: o objetivo da rotação na análise de factores é rodar os eixos dos factores em torno do centro de coordenação (Mansourfar, 2008). A rotação ocorre quando é impossível interpretar os factores de forma simples. Por isso, para simplificar a estrutura dos factores e torná-los interpretáveis, foi utilizada a rotação de factores (Mansourfar, 2008). Existem vários métodos de rotação de factores. Neste caso, foi utilizado o método varimax e as variáveis com cargas factoriais superiores a 0,5 foram extraídas como cargas factoriais.

4-

5- Medição dos valores dos factores: a análise dos factores resume as principais variáveis a um número limitado de factores. Como os factores limitados utilizados na análise seguinte (como a análise determinante ou a regressão), alguns valores foram aplicados para inferir algumas novas variáveis. Estes valores são, na verdade, uma combinação de todas as variáveis principais que desempenham um papel essencial na construção de novos factores. Esta combinação é designada por pontuação dos factores (valores). Como o principal objetivo da presente investigação é obter uma nova coleção, mas não se limita a aplicar variáveis combinadas em vez das principais (análise determinante, análise de regressão), por conseguinte, o valor do fator não é medido para este fim.

Análise fatorial dos obstáculos à aplicação de fertilizantes biológicos

Com base nos resultados obtidos da análise fatorial das barreiras à aplicação de fertilizantes biológicos, o KMO é de 0,779, o valor de Bart let é de 1,54 ao nível significativo de 99%, o que sugere a adequação da correlação destas variáveis para a análise fatorial.

Em relação ao Critério de Kaiser, foram extraídos seis factores com caraterísticas eigenvalues superiores a 1. Após a rotação dos factores através do método varimax, os factores inibidores foram classificados em 6 factores.

Para categorizar os factores, foram utilizadas caraterísticas com valor próprio superior a 1. Os factores extraídos com o valor das caraterísticas, a percentagem da variância eigen e a percentagem da variância agregada foram os seguintes

É de recordar que, após a rotação varimax, foram eliminadas duas variáveis devido ao baixo nível significativo de carga do fator (inferior a 0,5) e, consequentemente, à sua correlação significativa. Estas variáveis foram eliminadas porque o seu nível comum foi previamente sobreposto por variáveis mais importantes. Assim, é possível abreviar estas variáveis no contexto de outras variáveis.

Tabela 4 -10. Variância total explicada

Component	Rotation Sums of Squared Loadings		
	Eigenvalue	Percentage of the Variance	Cumulative Percentage
Factor 1	10/44	20/47	20/47
Factor 2	4/21	8/27	28/75
Factor 3	3/16	6/21	34/96
Factor 4	2/94	5/77	40/73
Factor 5	2/78	5/46	46/19
Factor 6	2/01	3/95	50/15

Com base nestes resultados, o primeiro fator com um valor próprio de 10,44 especifica mais de 20,47% da variância total. De um modo geral, os 6 factores acima mencionados especificaram uma variância total de 50,15%, o que indica a sua elevada percentagem de variância. Por conseguinte, as variáveis mencionadas são abreviadas em variáveis outras. No que diz respeito aos factores relacionados com estas variáveis, foram referidos como se segue:

primeiro fator: barreira educacional da extensão (falta de avaliação apropriada das necessidades educacionais em relação aos programas educacionais na aplicação de fertilizantes biológicos, falta de conscientização dos agricultores no contexto de como usar fertilizantes biológicos, falta de realização de oficinas educacionais de extensão, falta de realização de cursos educacionais, falta de conteúdo educacional apropriado, falta de publicação de livros e artigos profissionais por organizações agrícolas, falta de educação eficaz e benéfica por agentes de extensão qualificados, falta de sensibilização dos agricultores para as vantagens dos fertilizantes biológicos, falta de visitas de agricultores de planos bem sucedidos, falta de comunicação entre centros de ensino e de investigação e falta de CDs educativos no contexto da utilização de fertilizantes biológicos). **O segundo fator, as barreiras políticas** (falta de gestão organizacional adequada para implementar os planos de fertilizantes biológicos, falta de gestão de campo adequada para implementar os planos mencionados, falta de compra garantida de produtos saudáveis e de alta qualidade pelo governo, falta de oportunidades de cooperação com organizações relacionadas no que diz respeito à implementação de planos de fertilizantes biológicos, falta de legislação e regulamentação para melhorar a comercialização de produtos biológicos, falta de regulamentação de apoio ao consumo de fertilizantes biológicos, falta de preços adequados para produtos saudáveis e de alta qualidade por parte do governo, problemas de transporte, falta de disponibilidade de mercados internacionais para exportar estes produtos saudáveis e de alta qualidade e problemas relacionados com o armazenamento). **Terceiro fator, barreiras psicológicas** (receio de danos nos produtos durante a aplicação de fertilizantes biológicos, persistência dos agricultores, crenças e opiniões negativas dos agricultores em relação aos fertilizantes biológicos, falta de autoconfiança dos agricultores para adoptarem novos métodos, baixa assunção de riscos por parte dos agricultores, apressamento em encurtar o período de cultivo para obterem rendimentos mais rápidos). **Quarto fator, barreiras sociais** (falta de aplicação de agricultores pioneiros para motivar outros agricultores na aplicação de fertilizantes biológicos, falta de participação da secção privada para introduzir e distribuir fertilizantes biológicos entre os agricultores, falta de serviços de consultoria para esta aplicação, falta de aplicação de líderes locais para a extensão de técnicas agrícolas modernas como a utilização de fertilizantes biológicos, falta de motivação dos agricultores para aplicar fertilizantes biológicos, falta de publicidade para usar fertilizantes biológicos, falta de justificação dos engenheiros agrónomos para motivar os agricultores a usar fertilizantes biológicos, falta de planeamento a todos os níveis (nacional, local e regional) no contexto da utilização de produtos biológicos e falta de informação sobre a importância do consumo de fertilizantes biológicos na saúde nutricional). **Quinto fator, as barreiras económicas** (custo elevado dos fertilizantes biológicos, custo-eficácia da utilização de produtos químicos em vez de fertilizantes biológicos, falta de políticas económicas governamentais no contexto dos problemas agrícolas para proteger os agricultores (subsídios, empréstimos, etc.), elevada procura de mão de obra na área dos fertilizantes biológicos, etc.).), elevada procura de mão de obra na bio-agricultura em relação à agricultura tradicional, debilidade financeira dos agricultores, falta de motivações financeiras adequadas para os agricultores utilizarem fertilizantes biológicos, menor produtividade durante a aplicação de fertilizantes biológicos em relação aos químicos e custos elevados dos produtos bio-agrícolas) e **o sexto fator, barreiras ambientais** (necessidade de muito tempo para o aparecimento de efeitos benéficos dos fertilizantes biológicos na qualidade do solo, elevado consumo de fertilizantes químicos nos campos e aumento da erosão do solo devido à sua utilização).

Tabela 4-11. Matriz de componentes rodados

Variable	Component						
	1	2	3	4	5	6	
Lack of instructive CDs about using biological fertilizers	.83						Extensional education barriers
Lack of establishing extensional instructive workshops for farmers about biological fertilizers	.80						
Farmers' unawareness about how to use biological fertilizers	.79						
Lack of farmers' visit of successful plains about biological fertilizers	.73						
Lack of communication among research and instructive centers	.69						

about biological fertilizers					
Lack of publishing books and articles related to biological fertilizers by agriculture organization	.68				
Lack of instructive survey related to instructive programs in using biological fertilizers	.64				
Lack of useful and effective instructions by distributors about biological fertilizers	.55				
Lack of suitable instructive contents about biological fertilizers	.54				
Lack of holding instructive courses about using biological fertilizers	.50				
Lack of farmers' awareness of biological fertilizers' benefits	.50				
Lack of enacting laws and regulations in order to improve the marketing of bio-products		.80			
Lack of providing contribution grounds with related organizations in running biological fertilizers		.73			
Lack of guaranteed purchase of healthy and high quality products by government		.70			
Lack of access to international markets in order to export healthy and high quality products		.67			
Lack of enacting supportive laws and regulations of biological fertilizers		.65			Policy-making barriers
Problems related to transportation		.62			
Lack of good and suitable management in farms in order to implement plans related to biological fertilizers		.60			
Problems related to storekeeping		.59			
Lack of determination of suitable price for high quality products by government		.51			
Lack of good and suitable management in organizations in order to implement plans		.51			
related to biological fertilizers					
Late acceptance feature of farmers			.71		
Lack of creating suitable culture in using biological fertilizers among farmers			.68		
Fear of damaging product in time of using biological fertilizers			.64		
Negative attitudes and beliefs about biological fertilizers			.62		Psychologicaal
Low risk-taking feature of farmers			.55		
Lack of confidence in farmers in order to accept new methods			.55		
Shortening the cultivation period for faster access to the results of the product			.51		
Lack of motivation in farmers in using biologic fertilizers				.83	

Lack of using precursor farmers in encouraging other farmers in using biological fertilizers	.76			Social barriers
Irrationality of agriculture engineers in order to encourage farmers to use biological fertilizers	.74			
Lack of farmers' participation in activities relating to using biological fertilizers in farms	.69			
Lack of consultative services in using biological fertilizers	.65			
Lack of participation in private sector in order to introduce and distribute biological fertilizers among farmers	.61			
Lack of planning in all levels (national, local, and regional) about using bio-products	.58			
Lack of advertisement in using biological fertilizers	.58			
Lack of informing about the importance of using biologic fertilizers in health of food stuff	.54			
Lack of using local leaders in distributing modern technologies such using biological fertilizer	.51			
Cost-benefit feature of using chemical fertilizers instead of biologic fertilizers		.77		Economic barriers
High costs of producing agricultural bio-products		.70		
High demand for workforce in bio-agriculture with respect t conventional agriculture		.66		
Less profitability in using biological fertilizers with respect to using chemical fertilizers		.65		
Financial poverty and weakness of farmer		.63		
Lack of providing financial motivation for farmers in using biological fertilizers		.61		
Lack of economic policies in order to support the farmers		.56		
Expensiveness of biological fertilizers		.55		
Increase of soil erosion in using chemical fertilizers			.82	Environmenta l
High usage of chemical fertilizers in farms			.80	
Long period requirement so the useful effects of biologic fertilizers on the soil quality could be emerged			.54	

Capítulo 5

Conclusões e recomendações

Neste capítulo, apresenta-se, em primeiro lugar, um resumo dos capítulos anteriores, seguindo-se uma discussão, conclusões e recomendações

6- 1. Resumo

Uma das principais preocupações humanas desde os primeiros dias de cultivo é a rápida erosão do solo (Bita, 2012A). Atualmente, a erosão do solo é considerada um perigo para a saúde humana e até para a sua vida. Nas regiões em que a erosão não é controlada, os solos sofrem uma erosão gradual e perdem a sua fertilidade. A erosão, não só causou o empobrecimento do solo e o abandono dos campos, por este meio carrega enormes danos indispensáveis, mas também perdas frequentes devido à precipitação em vias de água, reservatórios de barragens, portos e redução da sua capacidade de bacia (Karim pour, 2003).

As erosões do solo inibem o desenvolvimento agrícola de diferentes formas, incluindo: aumento da pobreza das famílias de agricultores de baixo rendimento através da redução do seu desempenho e rendimento, precipitação nos cursos de água e redução do desempenho nos sistemas de irrigação (Tarshizi e Salami, 2007). Por conseguinte, a gestão adequada é de especial importância para a utilização e proteção da sua sustentabilidade (Lenssen *et al., 2007).* Por conseguinte, a realização de acções de proteção do solo no que diz respeito à agricultura sustentável e à falta de redistribuição de recursos para a geração atual e a conservação da qualidade e quantidade do solo têm sido consideradas como a base mais importante para a produção agrícola e a prevenção da imigração rural (Tarshizi e Salami, 2007).

Como vários fertilizantes, incluindo produtos químicos, têm sido utilizados nos campos agrícolas, pode dizer-se que os fertilizantes químicos, independentemente das suas vantagens para a fertilidade do solo e para a melhoria da produção agrícola, se utilizados intensivamente, causam a perda de qualidade e defeitos no desempenho dos solos agrícolas, reduzindo, finalmente, os produtos agrícolas e o desenvolvimento das plantas. O consumo intensivo provocou a penetração de poluentes venenosos e perigosos, como o chumbo e o cádmio, no solo (Nasir, 2009). Outra desvantagem é a redução da retenção de água no solo, o aumento da erosão do solo e a redução da resistência das plantas e dos produtos agrícolas às pragas (Dehdari e Eghbaleh, 2005). Em comparação com os fertilizantes químicos, os produtos biológicos têm muito mais benefícios económicos e ambientais. Para além da relação custo-eficácia, os adubos biológicos contribuem para a sustentabilidade dos recursos do solo, para a produtividade a longo prazo e para a prevenção da poluição ambiental. Por outro lado, a produção de adubos biológicos, com produtos alimentares de alta qualidade, não só resulta na satisfação dos consumidores, mas também na segurança da sua saúde física.

Portanto, parece que é possível alcançar o desenvolvimento sustentável da agricultura, bem como as políticas e objectivos esperados, através da aplicação de procedimentos adequados para suprir as necessidades alimentares das plantas, a fim de ajudar os organismos do solo. A este respeito, a aplicação de fertilizantes biológicos é um procedimento eficaz. Embora o principal objetivo do consumo deste fertilizante seja melhorar a fertilidade do solo e as necessidades alimentares das plantas, a sua utilização tem, sem dúvida, um efeito ótimo no solo e na planta (Saiyadi *et al.,* 2010).

Na província de Ilam, a principal ocupação está concentrada no sector agrícola, mas nos últimos anos foi dada especial atenção à utilização de fertilizantes biológicos, principalmente nos arrozais. Como tal, os relatórios mostraram que a maior eficácia estava relacionada com o fertilizante biológico fosfato na província de Ilam em 2006 (mais de 57%). Com base nas estatísticas do departamento agrícola da província de Ilam, foram produzidas 12931 toneladas de arroz durante o ano agrícola 20062007, 9878 toneladas em Shirvan Chardavol (cerca de 7%) (Jamshidi *et al.,* 2010). No que diz respeito à importância da aplicação de fertilizantes biológicos na agricultura, o objetivo geral desta investigação é considerar os obstáculos à aplicação de fertilizantes biológicos na perspetiva dos agricultores da cidade de Shirvan Chardavol, Ilam. Os objectivos específicos incluem: considerar os obstáculos à aplicação de adubos biológicos na perspetiva dos agricultores da província de Ilam, nomeadamente os de natureza pedagógica, social, cultural, económica, de marketing, psicológica, de elaboração de políticas, educativa e ambiental. Foram também consideradas as caraterísticas individuais dos agricultores.

O principal tema de investigação é considerar as barreiras à aplicação de fertilizantes biológicos na perspetiva dos agricultores do município de Shirvan Chardavol, província de Ilam. O domínio geográfico inclui todas as aldeias (zonas rurais) de Shirvan Chardavol, Ilam, durante 2011-2012.

No que diz respeito ao problema e aos objectivos, esta investigação é aplicacional. Por outro lado, no que respeita às variáveis e outras caraterísticas, é descritivo-estatística.

A preparação e o planeamento do modelo concetual e teórico da investigação foram realizados através de entrevistas profissionais, estudos em bibliotecas, livros e artigos internos e externos, pesquisa de recursos científicos em sítios Web. Os resultados obtidos foram apresentados no capítulo 2: revisão da literatura. Nesta secção foram considerados conceitos como agricultura sustentável, fertilizantes biológicos e agricultura sustentável, as barreiras à aplicação de biofertilizantes e os antecedentes da investigação. Com base nestes estudos, foram introduzidos modelos teóricos e conceptuais. Com base nos resultados da investigação, também para responder à pergunta de investigação, para atingir os seus objectivos e, finalmente, para obter um modelo ideal, foi concebido um questionário em duas secções, como principal instrumento de investigação. O objetivo da primeira parte era avaliar as opiniões dos agricultores relativamente às barreiras à aplicação de fertilizantes biológicos na agricultura e a segunda parte consistia nas caraterísticas pessoais dos inquiridos.

Os questionários foram preenchidos in situ. A validade do questionário foi confirmada pelo supervisor e pelo orientador e, após a obtenção dos seus pontos de vista, foram implementadas as correcções necessárias. Para avaliar a fiabilidade do questionário, foi realizado um teste-piloto com 30 questionários, tendo sido obtido um valor de a-Cronbach entre 78 e 92%, o que sugere uma elevada fiabilidade do respetivo questionário. A comunidade estatística era constituída por todos os agricultores de Shirvan Chardavol, num total de 1500 indivíduos. Através de um método de amostragem aleatório simples e proporcional, foram selecionados 501 indivíduos como amostra.

Para atingir os objectivos pré-determinados, bem como para responder às questões de investigação, foi utilizada a estatística descritiva e inferencial. Na parte descritiva, foi utilizada a tendência central, média, moda, e medidas de dispersão como a variância e o desvio padrão. Na parte analítica, foi utilizada a análise fatorial. Neste sentido, após a extração dos dados, a análise estatística foi realizada pelo SPSS versão 16.

5- 2. Conclusão

5- 2-1. Estatísticas descritivas

Com base nos dados recolhidos, a idade média dos agricultores foi de 46,18 anos, sendo os valores médio e máximo de 25 e 85 anos, respetivamente.

Como os resultados mostraram, 4,4% dos agricultores eram analfabetos, 10,6% escreviam e liam, 7,6% tinham o ensino primário, 11% tinham orientação, 6,6% tinham o ensino secundário, 25,5% tinham diploma, 20,4% tinham conhecimentos e 14% eram especialistas.

Com base nos dados recolhidos, a média de experiência agrícola foi de 24,34 anos, sendo os valores mínimo e máximo de 3 e 60 anos, respetivamente. A frequência dos contactos entre os agricultores e o agente de extensão foi de 4,39 vezes por ano. Relativamente aos resultados obtidos, a superfície agrícola média foi de 7,96 hectares, sendo a última de 1 hectare e a maior de 21 hectares.

Os resultados da investigação sugerem que a média das parcelas agrícolas é de 8,5, o mínimo de 1 e o máximo de 9 parcelas.

5-2-2. estatísticas inferenciais

5-2-2-1. Resultados obtidos da análise fatorial

Os resultados obtidos a partir da análise fatorial na perspetiva dos agricultores mostraram que:

1. Os factores foram determinados com base no critério de Kaiser. Com base neste

critério, apenas foram adoptados os factores cujo valor caraterístico era consideravelmente superior a 1. Assim, numa investigação relacionada com os agricultores, apenas 6 factores têm um valor superior a 1, que foram extraídos da seguinte forma

a) As variáveis relacionadas com o primeiro fator são as seguintes

1- Falta de CDs educativos no contexto da utilização de fertilizantes biológicos

2- Falta de realização de seminários de extensão-educação para agricultores no domínio dos fertilizantes biológicos

3- falta de sensibilização dos agricultores para a utilização de fertilizantes biológicos

4- Falta de visitas de agricultores a planos bem sucedidos de fertilizantes biológicos

5- Falta de comunicação entre os centros de ensino e de investigação sobre a utilização de fertilizantes biológicos

6- Falta de publicação de livros e artigos relacionados com fertilizantes biológicos pelo departamento agrícola

7- Falta de avaliação adequada das necessidades educativas em relação à aplicação de fertilizantes biológicos

8- Falta de formação útil e eficaz por parte de extensionistas competentes em relação aos fertilizantes biológicos

9- Falta de conteúdos pedagógicos adequados para representar os agricultores

10- Falta de realização de cursos de formação sobre a utilização de fertilizantes biológicos

11- Falta de sensibilização dos agricultores para as vantagens dos fertilizantes biológicos

Os resultados da investigação de Pany *et al.,* (2008) mostraram que a avaliação dos conhecimentos e das competências dos agricultores no contexto da aplicação da gestão dos solos agrícolas antes de qualquer ação educativa tem um papel muito importante na melhoria do desenvolvimento dos recursos humanos e na criação de capacidades, o que conduz ao êxito dos planos educativos de extensão para a sustentabilidade dos solos dos campos.

Numa investigação, Saka *et al.*, (2005) concluíram que o número de contactos de extensão tinha um efeito significativo na adoção de métodos de agricultura biológica. Khaledi, (2007) concluiu que a falta de competências e conhecimentos necessários para gerir um campo biológico é uma das razões mais importantes para a aplicação de métodos de agricultura biológica.

Na sua investigação, Linda *et al.*, (2012) concluíram que a maioria dos agricultores se confrontava com problemas como a falta de acesso a dados e insumos.

Sharma *et al.*, (2002) concluíram que existe uma relação positiva e significativa entre a utilização de métodos agregados ou de massa e a adoção de tecnologias agrícolas sustentáveis.

Chaharsooghi *et al.*, (2007) concluíram que, entre os factores de extensão-educação, a comunicação com os agentes de extensão agrícola e, subsequentemente, a participação em aulas de educação ou formação foram os mais eficazes na adoção de métodos agrícolas sustentáveis.

Asghari (2003) concluiu que as variáveis participação em cursos de extensão, participação em visitas de extensão, visita a campos de exposição, participação na semana de transmissão de dados, comunicação entre agricultores e agentes de extensão e comunicação com agricultores selecionados tinham uma relação significativa com a dependência (adoção de controlo biológico de pragas do algodão).

b) Segundo fator: as suas variáveis estão incluídas:

1- Falta de legislação e de regulamentação para melhorar a comercialização dos produtos biológicos.

2- Falta de oportunidades de cooperação com organizações afins no que respeita à implementação.

3- Falta de aquisição garantida de produtos saudáveis e de alta qualidade pelo governo.

4- Falta de acesso aos mercados internacionais para exportar estes produtos saudáveis e de alta qualidade.

5- Falta de regulamentação de apoio ao consumo de fertilizantes biológicos.

6- Problemas relacionados com os transportes.

7- Falta de uma gestão organizacional adequada para a implementação dos planos de fertilizantes biológicos.

8- Problemas relacionados com a armazenagem.

9- Falta de preços adequados para produtos saudáveis e de alta qualidade por parte do governo.

Enyong *et al.* (1999) concluíram que, devido às fracas políticas governamentais, à fraca relação entre a extensão e a investigação, ao mercado de produtos inadequado, à ausência de seguro dos produtos e à indisponibilidade de factores de produção, os agricultores foram confrontados com a adoção de tecnologias de gestão dos solos agrícolas.

c) Terceiro fator: este fator inclui as seguintes variáveis:

1- Aceitação tardia dos agricultores.

2- Falta de cultura adequada no contexto da utilização de fertilizantes biológicos entre os agricultores.

3- Receio de danos no produto durante a aplicação de fertilizantes biológicos

4- Crenças e atitudes negativas dos agricultores em relação aos fertilizantes biológicos.

5- Baixa assunção de riscos por parte dos agricultores.

6- Falta de autoconfiança dos agricultores para a adoção de novos métodos.

7- Redução do período de cultivo para um acesso mais rápido aos resultados do produto.

Na sua investigação, Nowler e Bradshaw (2006) mostraram que a maioria das investigações não teve em conta o efeito das caraterísticas culturais como um dos factores mais comuns que influenciam a qualidade do solo agrícola.

Ordonez *et al.*, (2010) concluíram que existe uma relação negativa entre os factores culturais e a adoção de fertilizantes biológicos.

d) Quarto fator: as suas variáveis são constituídas por

1- Falta de motivação dos agricultores para aplicar fertilizantes biológicos.

2- Falta de aplicação de agricultores pioneiros para motivar outros agricultores na aplicação de fertilizantes biológicos.

3- Falta de justificação dos engenheiros agrícolas para motivar os agricultores a utilizar fertilizantes biológicos.

4- Falta de participação dos agricultores em actividades relacionadas com a utilização de fertilizantes biológicos no terreno.

5- Falta de serviços de consultoria para esta aplicação de fertilizantes biológicos.

6- Falta de participação do sector privado na introdução e distribuição de fertilizantes biológicos entre os agricultores.

7- Falta de planeamento a todos os níveis (nacional, local e regional) no contexto da utilização de produtos biológicos.

8- Falta de publicidade à utilização de fertilizantes biológicos.

9- Falta de informação sobre a importância do consumo de fertilizantes biológicos na saúde dos nutrientes.

10- Falta de aplicação de líderes locais para a extensão de técnicas agrícolas modernas, como a utilização de fertilizantes biológicos.

Ordonez *et al.*, (2010) concluíram que existe uma relação negativa entre os factores sociais e a adoção de fertilizantes biológicos.

Na sua investigação, Nowler e Bradshaw (2006) mostraram que a maioria das investigações não teve em conta o efeito das caraterísticas sociais como um dos factores mais comuns que influenciam a qualidade do solo agrícola.

Enyong *et al.* (1999) concluíram que, devido à aplicação de líderes locais para alargar as técnicas agrícolas modernas, os agricultores foram confrontados com a adoção de tecnologias de gestão dos solos agrícolas.

Asghari (2003) concluiu que a participação em programas de extensão tinha uma relação significativa com a variável dependente (adoção do controlo biológico das pragas do algodão).

Pezeshkirad *et al.*, (2009) concluíram que a participação social afecta o investimento dos agricultores no contexto das tecnologias de melhoramento dos solos agrícolas.

e) Quinto fator: as suas variáveis são as seguintes

1- Custo-eficácia da utilização de fertilizantes químicos em vez de fertilizantes biológicos.

2- Custo elevado da produção de produtos bio-agrícolas.

3- Elevada procura de mão de obra no sector da bio-agricultura em relação à agricultura tradicional.

4- Menor produtividade durante a aplicação de fertilizantes biológicos em relação aos produtos químicos e bioagrícolas.

5- Pobreza e fragilidade financeira dos agricultores.

6- Falta de motivação financeira adequada dos agricultores para a utilização de fertilizantes biológicos.

6- Custo elevado (ser caro) dos fertilizantes biológicos.

7- Falta de políticas económicas governamentais no contexto dos problemas agrícolas no que diz respeito ao apoio aos agricultores (subsídios, empréstimos, etc.).

Ordonez *et al.*, (2010) concluíram que existe uma relação positiva entre os factores económicos e a adoção de fertilizantes biológicos.

Khaledi (2007) concluiu que a falta de oportunidades de mercado para os produtos biológicos é uma das razões mais importantes para a utilização de métodos agrícolas biológicos.

Keshavarz *et al.*, (2010) mostraram que factores como a falta de fiabilidade do preço das variedades férteis e a baixa produtividade em comparação com as variedades locais tiveram um efeito negativo na adoção da inovação, actuando, portanto, como uma força proibitiva.

Chaharsooghi *et al.*, (2007) concluíram que, entre as variáveis relacionadas com factores económicos, a variável aumento do desempenho do produto é a que tem mais efeito na adoção de métodos agrícolas sustentáveis.

f) 6th factores: as suas variáveis incluem:

1- Aumento da erosão do solo devido à aplicação de fertilizantes químicos.

2- Elevado consumo de fertilizantes químicos nos campos.

3- Necessidade de um longo período de tempo para o aparecimento de efeitos benéficos dos fertilizantes biológicos na qualidade do solo.

Rezaie *et al.*, (2010) mostraram que o acesso a dados ambientais agrícolas tem a relação mais significativa e direta com o conhecimento dos profissionais sobre a agricultura biológica.

Finalmente, no que diz respeito à identidade de cada fator, foram designados da seguinte forma:

Extensão - barreiras educativas, políticas, psicológicas, sociais, económicas e ambientais

No que diz respeito ao valor caraterístico extraído, a barreira extensão-ensino tem a maior percentagem das variáveis especificadas (10,44), seguindo-se as barreiras de elaboração de políticas (4,21), psicológicas (3,16), sociais (2,94), económicas (2,78) e ambientais (2,01).

5-3. Recomendações de investigação

5-3-1. Recomendações relativas aos agricultores

Primeiro fator (extensão - barreiras educativas)

- Disponibilizar CD educativos no âmbito da utilização de fertilizantes biológicos numa linguagem simples.

- Realização de seminários de extensão-educativa com o objetivo de introduzir os agricultores na aplicação de fertilizantes biológicos.

- Prestar mais atenção à realização de visitas sistemáticas de planos bem sucedidos no contexto da aplicação de fertilizantes biológicos poderia afetar a tendência evolutiva da educação.

- A comunicação entre os centros de ensino e de investigação permite que os profissionais compreendam corretamente as necessidades educativas dos agricultores.

- Publicação de livros e artigos relacionados com fertilizantes biológicos pelo departamento agrícola.

- Avaliação adequada das necessidades educativas em relação à aplicação de fertilizantes biológicos. Assim, os planeadores de cursos devem identificar os métodos educativos adequados e apresentar os seus programas nesta base. Porque ao usar diversos métodos educacionais, os agricultores adoptariam a aplicação de fertilizantes biológicos de forma mais simples. Isto resulta numa maior familiaridade dos agricultores com os fertilizantes biológicos.

- Fornecer conteúdos didácticos adequados no âmbito dos fertilizantes biológicos nas salas de aula pedagógicas.

- Realização de cursos de formação sobre a utilização de fertilizantes biológicos

- Existência de formações eficazes e benéficas por parte de agentes de extensão competentes e proficientes em relação aos fertilizantes biológicos

- A fim de melhorar a eficácia das actividades educativas de extensão, é necessário planear programas relacionados com base nas necessidades educativas. A fim de motivar os agricultores a frequentar estes cursos.

Segundo fator (obstáculos à definição de políticas)

- No que diz respeito à falta de legislação e de regulamentação para melhorar a comercialização dos produtos biológicos, é necessário que o governo pague subsídios para que os agricultores adoptem a compra destes fertilizantes.
- Comunicação entre a empresa privada e o Ministério da Agricultura no âmbito da aplicação de fertilizantes biológicos.
- Aquisição garantida de produtos saudáveis e de alta qualidade pelo governo.
- Regulamento de apoio ao consumo de fertilizantes biológicos.
- Eliminação de vários problemas de transporte.
- Estabelecimento de uma gestão organizacional adequada para a implementação dos planos de fertilizantes biológicos.
- Eliminação de problemas relacionados com a armazenagem.
- Determinação de preços adequados para produtos saudáveis e de alta qualidade pelo governo.
- Ter uma gestão adequada para implementar os planos mencionados.

Terceiro fator (barreiras psicológicas)

- Visitar campos de amostragem e campos pioneiros, a fim de motivar e garantir a segurança dos agricultores no que respeita à produção de produtos saudáveis.
- Cultura apropriada no contexto da utilização de fertilizantes biológicos entre os agricultores.
- Eliminar o receio de danos no produto durante a aplicação de fertilizantes biológicos
- Proporcionar aos agricultores autoconfiança para a adoção de novos métodos.

Quarto fator (barreiras psicológicas)

- A fim de motivar os agricultores para a aplicação de produtos biológicos, é necessário efetuar funções relacionadas com o pagamento de empréstimos.

- Aplicação de agricultores pioneiros para motivar outros agricultores na aplicação de fertilizantes biológicos.

- Justificação dos engenheiros agrónomos para motivar os agricultores a utilizar fertilizantes biológicos.

- Participação dos agricultores em actividades relacionadas com a utilização de fertilizantes biológicos no terreno.

- Utilizar serviços de consultoria para esta aplicação de fertilizantes biológicos.

- Participação do sector privado na introdução e distribuição de fertilizantes biológicos entre os agricultores.

- Planeamento a todos os níveis (nacional, local e regional) no contexto da utilização de produtos biológicos.

- Ter publicidade à utilização de fertilizantes biológicos.

- Informar o público sobre a importância do consumo de fertilizantes biológicos na saúde dos nutrientes.

- Aplicar os líderes locais para alargar as técnicas agrícolas modernas, como a utilização de fertilizantes biológicos.

Quinto fator (barreiras psicológicas)

- Pagamento de subsídios governamentais para a compra de biofertilizantes pelos agricultores e sua aplicação em vez de fertilizantes químicos.

- Redução dos custos de produção de produtos bio-agrícolas.

- Representar motivações financeiras adequadas para que os agricultores utilizem fertilizantes biológicos.

- Reduzir o preço dos fertilizantes biológicos para facilitar a sua utilização pelos agricultores.

- Assistência governamental no contexto de problemas agrícolas para apoiar os agricultores (subsídios, empréstimos...).

Sexto fator (barreiras psicológicas)

- Para evitar a erosão do solo devido à aplicação de fertilizantes químicos, o governo deve atuar com regulamentos e dar a educação necessária.
- Educação para reduzir a aplicação de fertilizantes químicos nos campos.

5-4. Sugestões para investigação futura

A fim de realizar investigações complementares e transparência de vários aspectos, recomendam-se os seguintes temas

1- Tendo em conta a importância deste tema, recomenda-se a realização de investigações em zonas rurais e urbanas e a comparação dos resultados.

2- Foram estudados e testados diferentes planos para procurar factores eficazes na adoção de fertilizantes biológicos.

3- Recomenda-se a realização de estudos sobre as obrigações de aplicação de fertilizantes biológicos do ponto de vista dos profissionais.

4- Factores que influenciam a adoção de fertilizantes químicos e biológicos.

Referências:

1- Asghari, S. (2003). Considerando o papel da extensão na adoção do combate biológico entre os produtores de algodão em Dashtmoghan. Tese de mestrado. IAU (Islamic Azad University), Tehran Research and Science Branch.

2- Asgharzadeh, A. malakouti, M.J. Bahrami, H.A. Ebrahimi, S e Baibourdi, A. (2004).Organic matter and its role in the improvement of national soils. Sanna pub. Pp213-258.

3- Adib, A. (2009). Necessary actions to attain sustainable agriculture. Farhikhtegan danesh, n 140. novembro. P8.

4- Departamento de informática e estatística. (2010). Agricultural statistic invoice during agricultural year 2006-2007, Teerão, sede de informação e estatística do Ministério da Agricultura.

5- Ajoudani, Z. mehdizadeh, H. (2009). Contextualização da extensão e desenvolvimento da agricultura biológica na perspetiva dos profissionais da província de Kermanshah. Extensão agrícola e investigação para o desenvolvimento. 2nd ano. No4. Winter. Pp 65-73.

6- Ajoudani, Z. (2009). Contextualização da extensão e desenvolvimento da agricultura biológica na ótica dos profissionais da província de Kermanshah. Tese de mestrado em extensão e desenvolvimento agrícola. Departamento de Agricultura, Universidade de Investigação e Ciência de Teerão.

7- Ahmadi, A. ehsanzadeh, P. Jabari, F. (2004). Introdução à fisiologia vegetal (traduzido). Primeira impressão, Tehran university pub.

8- Amiri, A. (2011). Consumo de fertilizantes biológicos em arrozais. Disponível em:

9- Akbari, M. babaakbari, M. fakharzadeh, S, A. Iravani, H. elmbeigi, A. namdar, R. (2008). Revista de agricultura. Round10, no2. outono. Pp13-26

10- Babaei, Gh. (2009). Erosão do solo. Disponível em:

11- Bahrami, A. (2012). Biofertilizantes biodegradáveis. Disponível em:

12- Bita. (2012, a) vantagens do biofertilizante Barvar2. Disponível em:

13- Bita. (2012, a). erosão do solo e seus efeitos nocivos

14- Bita. (2012, b).Analisando a interação da mecanização na escavação de solos.

Disponível em:

15- Bita, J. (2012). Disponível em:

16- Bita. (2012). terminologia agrícola. Disponível em:

17- Bita. (2012). erosão do solo. disponível em:

18- Bita. (2012). Província de Ilam. Disponível em:

19- Pour Yousef, M. mazaheri, D. chaeechie. M, Rahimi. A. Tavakoli, A. (2010). O efeito de vários tratamentos da fertilidade do solo em algumas caraterísticas agro-morfológicas e na musilagem da erva da pulga. E-journal of medic plants production. Volume3.no2, verão. pp193-213

20- Payandeh najafabadi, A, T. e Omidinajafabadi, M (2010) statistics and data processing in social sciences. Teerão: Negarandehdanesh

21- Shahroudi, a, a. Chizarie, M, Pezeshkirad, GH, R (2009): Factores que influenciam o investimento dos produtores de beterraba na província de Khorasanerazavi no contexto da tecnologia de melhoramento dos solos agrícolas. Revista de educação e extensão em ciências agrícolas. Volume5.no1,pp17-34

22- Tarshizi, M. Salami, H (2007). Consideração dos factores eficazes nas acções de proteção do solo. Estudo de caso: Khorasan-e-Razavi. Economia Agrícola Iraniana. Volume 1. No2, 2007. Mashhad

23- Jamshidi, A. Teimourie, M. Jamshidi, M. Sarabi, S (2010). Considerando os factores eficazes na visão dos agricultores em relação à cultura do arroz (estudo de caso: município de Shirvan Chardavol, província de Ilam). Desenvolvimento Agrícola e Investigação Económica do Irão. Ronda: 2-41. No3. Pp287-297.

24- Khorramdel, S. Kouchaki,A ,A. Nasirimahaltie,M. Ghorbani, R(2010). O efeito dos fertilizantes biológicos no desempenho e nos componentes da névoa de plantas medicinais. Investigações Agrícolas Iranianas. Volume 8. No5. novembro e dezembro. Pp758-766.

25- Khedri, K. (2010). Necessidades de aplicação de baixo insumo no ponto de vista dos profissionais. Tese de mestrado em extensão e formação agrícola. Departamento de Agricultura. Universidade de Investigação e Ciência de Teerão

26- Hosseinpour, A. (2012). Ficha de trabalho dos investigadores nacionais no contexto do azoto biofertilizante. Disponível em:

27- Chegarsoughi Amin, H. Mousavi, S, A. Farajolah Hosseini, S, J. Considerando os factores eficazes na adoção de métodos agrícolas sustentáveis na irrigação com água pelos agricultores do Sistão Balouchestan. Descobertas agrícolas modernas. 2nd ano. No 1. outono. pp 12-55

28- Chaharsooghi Amin, H (2006). Identificação e análise do conhecimento nativo das mulheres agricultoras em Bandar Anzli e seu efeito na agricultura sustentável regional. Tese de doutoramento em extensão agrícola e educação. Departamento de Agricultura. Universidade de Investigação e Ciência de Teerão.

29- Hosseini, S. Ghorbani, M (2005). Soil erosion economics (Economia da erosão do solo). Ferdousi University Pub, Mashhad. 2nd print.

30- Hasanzadeh, A. Mazheri, D. Chaiechee, M. Khavazi, K (2007): A eficiência do consumo de bactérias que facilitam a absorção de fósforo e o fósforo de fertilizantes químicos no desempenho de mal e seus componentes. Investigação no sector da construção. Agricultura e horticultura.no77. inverno.pp111-118

31- Dalaie, M. (2010). Biofertilizantes na agricultura sustentável. Disponível em:

32- Dinipanah, Gh. Mirdamadi, S, M. Chizarie, M. Alavi, S, V. (2009). A análise do efeito da abordagem escolar no campo agrícola na adoção biológica dos produtores de arroz na cidade de Sari. Round4, no1, pp75-84.

33- Dehghani Moshkani, M. Naghdibadi, H. Darzi, M. Mehrafarin, A. Rezazadeh, Sh. Kadkhoda, Z (2011). O efeito de fertilizantes químicos e biológicos no desempenho qualitativo e quantitativo de Anthemis pseudocotula. Plantas medicinais. 10th ano, pp 35-48. 2a ronda. Série 38th . primavera.

34- Jornal do Irão (2006). A erosão do solo ameaça os recursos naturais de Ilam. N.o 3433. Data06/5/2006, p20 (Iran Zamin).

35- Rezaeimoghadam, K. Maleksaeidie, H. Ajili, A. (2010): estudo dos conhecimentos dos profissionais da agricultura no contexto da agricultura biológica na província de Fars. Volume6. No2. P49-61.

36- Jornal Hamshahri (2011). Produção de fertilizantes biológicos a nível nacional.no24356, data27/05/2011p13(Iran Zamin).

37- Zamanipoor, A. (2008). A extensão agrícola no processo de desenvolvimento. 3rd print. Publicação da Universidade de Birjand.

38- Zamani, A. Sabouhi sabouni, M. Nader, H. (2010). Determinação do padrão agrícola para uma agricultura sustentável através da utilização de um planeamento difuso fraccionado polivalente. Estudo de caso: Cidade de Piranshahr. No 4. Pp 101-112.

39- Rafiei, H. Amirnejad, H, Kavoosi kelashemi, M. Eteghaei kord kelaei, M. (2010). Considerando a importância do desenvolvimento sustentável entre os agricultores através da adoção de métodos de controlo biológico (estudo de caso: cidade de Amol). 2nd conferência nacional sobre agricultura sustentável e desenvolvimento (desafios e oportunidades futuros) disponível em:

40- Saeidi, S. (2012). A importância da bio-agricultura.

41- Saeid nejad, A. Rezvani Moghadam, P. (2010). Avaliação do efeito de fertilizantes químicos e biológicos no desempenho das caraterísticas morfológicas e dos seus componentes, bem como na percentagem de essência de Carum (cominho). Ciências hortícolas (ciências agrícolas e indústrias). No 1. Pp 38-44.

42- Sarmad, Z. Bazargan, A. Hejazi, A. (2006). Métodos de investigação em ciências do comportamento. Teerão. Agah pub. 12th print.

43- Shahroodi, A, A. Chizari, M. Baghari, M. Karimi, R. (2008). As competências dos produtores de beterraba no contexto dos métodos de gestão sustentável dos solos agrícolas. Estudo de caso: Província de Khorasan Razavi. Revista de educação e extensão agrícola. No 2. Pp 1-19.

44- Sharifi, Z. Haghnia, Gh. (2007). O efeito de fertilizantes biológicos Nitroxine no desempenho e componentes da variedade Sabalan (trigo). Segunda conferência nacional de agricultura biológica. Gorgan. P 123.

45- Shahbazi, E. (2004). Rural development and extension. Instituto de publicação e impressão da Universidade de Teerão.

46- Sayadi, Z. Siyadat, S, A. Poursiahbidi, M. (2010). O efeito de vários sistemas de nutrientes (baixa entrada, alta entrada e orgânica) em variedades de feijão no norte da província de Ilam. Investigação e ciência trimestral da fisiologia das plantas agrícolas.

Universidade Islâmica Azad, secção de Ahvaz. 2nd ano. 3rd no. fall. Pp 119-137.

47- Agheli kohneh shahri, L. Sadeghi, H. (2005). Estimativa dos efeitos económicos da erosão do solo no Irão. Investigação económica. No 4. primavera. Pp 87100.

48- Omani, A, R. (2001). Consideração das caraterísticas socioeconómicas e agrícolas dos produtores de trigo que influenciam a adoção de uma agricultura com poucos factores de produção na província de Khuzestan. Tese de mestrado no domínio da extensão e educação agrícola. Universidade Tarbiat Modarres.

49- Abbasipour, H. (2012). Fertilizantes biológicos. Disponível em:

50- Alizadeh, A. Ariana, L. (2009). Otimização do consumo de azoto e fósforo na cultura sustentável do milho através da utilização de micorrizas e vermicomposto. Descobertas agrícolas modernas. 3rd ano. No 3. primavera. Pp 304-316.

51- Eidizadeh, Kh. Mahdavi daghani, A. Ebrahimpour, F. Sabahi, H. (2011). Os efeitos do valor e dos métodos de aplicação de biofertilizantes em combinação com fertilizantes químicos no desempenho do milho e seus componentes. E-journal of agricultural plants production. No 3. outono. Pp 21-35.

52- Fatemi, S, S. (2003). Produção secretora de GM-CSF humano no processo de nova cultura combinada de alta densidade de Escher Shia coli. Tese de doutoramento. Universidade Tarbiat Modarres.

53- Falahi, Ch. Kouchaki, A. Rezvani moghadam, P. (2009). Considerando o efeito de fertilizantes biológicos no desempenho qualitativo e quantitativo da planta medicinal Matricaria recutita (camomila selvagem). Investigação agrícola iraniana. No 1. Pp 127-135.

54- Ghasemi, S. Siavasi, S. Chokan, R. Khavazi, K. Rahmani, A. (2011). O efeito do biofertilizante fosfato no desempenho do grão e nos componentes do cruzamento simples 704 Zea mays sob as condições de stress hídrico. Sementes e melhoramento de plantas. No 2. Pp 219-233.

55- Ghasem khanloo, Z. Nasrollah zadeh asl, A. Alizadeh, A. Haji hasani asl, N. (2009). O efeito do bio fertilizante fosfato Barvar 2 no desempenho das variedades de batata e seus componentes na região de Chaldoran. 1st ano. No 1. primavera. Pp 1-13.

56- Ghalavad, A. Hamidi, M. Dehghan shoar, M. Malakooti, M. Asgharzadeh, A.

(2006). A aplicação de fertilizantes bio (lógicos), estratégias biológicas para a gestão sustentável de sistemas bio agrícolas. 9th congresso de melhoramento de plantas e ciências agrícolas. Universidade de Teerão. Irão.

57- Ghorbani, M. Kohansal, M, R. (2010). Factores que influenciam a tendência para a participação dos produtores de trigo no plano de substituição verde para a adoção da aplicação da função de proteção do solo (estudo de caso: província de Khorasan Razavi). No 1. primavera. Pp 59-71.

58- Kiyani haft long, R. Rahimi, A. (2011). Imigrantes e pastagens. Desafios e procedimentos. Disponível em:

59- Karim pour, M. Mashhad, N. (2003). Considerando as caraterísticas físico-químicas da formação vermelha superior para fornecer e desenvolver formas de erosão de tubulação. Publicação Biaban. No 18. Pp 20-23.

60- Keshavarz, F. Azarmi sesari, Z, Khayati, M. (2010). Factores que influenciam a não adoção de variedades de arroz de elevado rendimento entre os agricultores da província de Gilan. Investigação em matéria de educação e extensão agrícola. 3rd ano. No 1. inverno. Pp 99-112.

61- Koochaki, A. Tabrizi, L. Ghorbani, R. (2008). Avaliação do efeito de fertilizantes biológicos no desempenho das caraterísticas de crescimento e qualidade da planta medicinal Hyssopus. Investigação agrícola iraniana. No 1. Pp 128-137.

62- Kohansal, M, R. Zare, A, F. (2008). Determinação do padrão ótimo de cultivo orientado para a agricultura sustentável utilizando o planeamento difuso fraccionado polivalente. Estudo de caso: província de Khorasan do Norte. Economia e desenvolvimento agrícola. 16th ano. No 62. verão. Pp 1-33.

63- Kalantari, Kh. (2006). Processamento e análise de dados na investigação socioeconómica. Teerão. Sharif. 2nd print.

64- Maghsoodi, T. (2006). Agricultura sustentável disponível em:

65- Mahdavi damghani, A. Kamkar, B. (2008). A base da agricultura sustentável. Jahad daneshgahi (Universidade de Mashhad). Mehr pub.

66- Maaz ardalan, M. Savaghebi firoozabadi, Gh. (2002). A gestão da fertilidade do solo para uma agricultura sustentável. Tehran University pubs.

67- Instituto de Investigação Económica e de Planeamento Agrícola (2005). Identificar o estado atual e os seus recursos: os fundamentos da legislação nacional sobre solos. 1st volume. Ministério da Agricultura de Teerão.

68- Minaei, A. Saboori, M. (2010). Considerando o fator psicológico que influencia os pontos de vista do profissional agrícola sobre fertilizantes biológicos na província de Semnan. Descobertas organizacionais/industriais recentes. 1st ano. 3rd no. Summer. Pp 57-63.

69- Mohammadi, F. (2010). Conceção de um modelo agrícola sustentável de baixo consumo de insumos para produtos de estufa na província de Teerão. Tese de doutoramento no domínio da extensão e educação agrícola. Departamento de Agricultura. Universidade de Investigação e Ciência de Teerão.

70- Mosavi, A. (2006). Consideração dos factores eficazes na adoção de uma agricultura sustentável com poucos factores de produção entre os produtores de trigo da província do Sistão e do Baluchistão. Tese de mestrado no domínio da extensão e educação agrícola. Departamento de Agricultura. Universidade de Investigação e Ciência de Teerão.

71- Moalem, H. Eshghizadeh, H, R. (2007). A aplicação de fertilizantes biológicos: vantagens e limitações. Resumo dos artigos apresentados no 2nd congresso nacional de biologia. Gorgan. Irão. P 47.

72- Moalem, H. Eshghizadeh, H, R. (2007). A aplicação de fertilizantes biológicos: vantagens e limitações. Coleção de artigos apresentados no 2nd congresso nacional de biologia. Gorgan. Irão. 17-18 de outubro de 2007.

73- Mansourfar, K. (2008). Statistical methods. Teerão. Universidade de Teerão. 7th print.

74- Nasiri mahallati, M. Koochaki, A. Rezvani moghadam, P. Beheshti, A. (2001). Agro ecologia. Publicações da Universidade Firdausi Mashhad

75- Hemmati, A. (2011). A necessidade de utilizar fertilizantes biológicos. Disponível em:

76- Hashemi, A, H. Karim, M, H. (2009). Consulta à população rural sobre os desafios do desenvolvimento rural sustentável. Estudo de caso: Saroogh, cidade de

Arak. Desenvolvimento e área rural trimestral. 12th ano. No 2. verão. Pp 155-178.

77- Yakhchali, B. Afzalolghom, A. Yeganegi, P. Shoorgashti, H. Siyami, A. Alavi, S, M. (2011). Otimização das condições de crescimento do crescimento e nhancement bactérias, bio fertilizante fosfato Barvar 2. Iran biology. No 2. Pp 494-507.

79- Abahj., Ishaq, M. N., Wada.A.C. (2010). O papel da biotecnologia na garantia da segurança alimentar e da agricultura sustentável. Revista Africana de Biotecnologia Vol. 9 (52), pp. 8896-8900.

80- Abdoli, M.A. (2005). Recuperação de resíduos sólidos urbanos. Edição 1, Teerão: Tehran University Pub; P 12-14.

8 1 -Acs, S. (2006).Bio-economic modelling of conversion from to organic farming. Tese de doutoramento, Universidade de Wageningen, Países Baixos, 152pp.

82- Akbari, M., Asadi, A . (2008). A comparative study of Iranian consumers versus extension experts' attitudes towards agricultural organic products (AOP). *American Journal of Agricultural and Biological Sciences,* 3(3): 551-558.

83- Bot, A. J., Nachtergaele, F. O. e Young, A. (2000). Land resource potential and constraints at regional and country levels. Rome: Organização das Nações Unidas para a Alimentação e a Agricultura.

84- Birner,R., K. Davis, J. Pender & M. Choen (2006) , from "Best practice" to "Best fit":A framework for analyzing pluralistic agricultural advisory services worldwide international food policy research institute.

85- Basantes, E.D. (2009). *Elaboração e aplicação de dos tipos de biol no cultivo de brócolis.* Tese de licenciatura. ESPOCH, pp. 123.

86- Chen, J. (2006). A utilização combinada de fertilizantes químicos e orgânicos e/ou biofertilizantes para o crescimento das culturas e a fertilidade do solo. Workshop Internacional sobre Gestão Sustentável do Sistema Solo-Rizosfera para uma Produção Agrícola Eficiente e Utilização de Fertilizantes. outubro, 16 - 20. Tailândia. 11 pp.

87- Chamba,G,N. (2004). "Factores que afectam a adaptação dos pequenos agricultores às práticas de conservação do solo e da água no sul das Filipinas. *Trabalho apresentado na 13th Conferência Internacional da Organização para a Conservação do Solo,* Barisbana, Austrália, 4 a 8 de julho de 2004.

88. Castilla, L. (2006). Biofertilização: alternativa viável para a nutrição vegetal. Sociedad Colombiana de la ciencia del suelo. Ibagué. Colômbia. 196pp.

89- Cordovil, C. M., F. Cabral e J. Coutinho (2007). Potencial de mineralização do azoto de resíduos para as culturas do azevém e do trigo. Bio resource. Tech. 98:3265-3268.

90- Cochran, J. (2003) Patterns of Sustainable Agriculture Adoption/non- Adoption in Panama. Tese de doutoramento, Universidade Mc Gill, Canadá.

91- Dabbert S., Haring, A. M. & Zanoli, R., (2004). Organic Farming. Policies and Prospects. Zed Books; Londres, Reino Unido. 169 p.

92- Daneshvar M, Sahnoushi N e Salehi Reza Abadi F,.(2009). A determinação de um padrão de cultivo ótimo com o objetivo de reduzir os riscos ambientais, American Journal of Agricultural and Biological Sciences, 4 (4): 305- 310pp.

93- Duran Toksari M,(2008). Taylor series approach to fuzzy multi objective linear, fractional programming, Information sciences, 17(8):1189-1204.

94- Eghbaleh A, Dehdari F. (2005). Necessidade de recolha de estrume e sua utilização na agricultura. Sonboleh J; 5(172): 40-48.

9 5Esilaba,A.,O.,Byalebeka,J.B .,Delve,R.,Okalebo,J.R.,Ssenyange,D .,Mb alule,M.,&Sali,H.(2005).On farm testing integrated untried management strategies in estern Uganda. *Agricultural system*,86:144-165.

96- Enyong,L. A., Debrah,S.K.e Bationo, A.(1999). "Perceção e atitudes dos agricultores em relação às tecnologias introduzidas de melhoria da fertilidade do solo na África Ocidental". *Nutrient Cycline in Agroecosystems*,v (53):177-187.

97- FAO.(2009). Our land our future (A nossa terra, o nosso futuro). Roma e Nairobi: Organização das Nações Unidas para a Alimentação e a Agricultura e Programa das Nações Unidas para o Ambiente.

98- Ferguson, S., Weseen, S. e G. Storey. (2005). Projeto de Investigação sobre Agricultura Biológica. Departamento de Economia Agrícola. Universidade de Saskatchewan.

99- Hebbar, P.K. (2007). Doenças do cacaueiro: Uma perspetiva global do ponto de vista da indústria. Fitopatologia 97:1658-1663.

100- Ingram, J. (2008). Agronomist-farmer knowledge encounters: An analysis of knowledge exchange in the context of best management practices in England *Agric Hum Values Journal,* 25, 405-418. doi:10.1007/s10460-008-9134-0.

101- Jat, B. L., e Shaktawat, M. S. (2003). Effect of residual phosphorus, sulphur and bio fertilizers on productivity, economics and nutrient content of pearl millet *(Pennisetum glaucum* L.) in fenugreek *(Trigonella foenum-graecum* L.)-pearl millet cropping sequence. Indian Journal of Agricultural Sciences 73 (3): 134-137.

102- Joshi, G., & Pandy, S. (2005, 11-13 de outubro). *Effects of farmer's perception on the adoption of modern rice varieties in Nepal (Efeitos da perceção do agricultor na adoção de variedades modernas de arroz no Nepal).* Conferência sobre Investigação Agrícola Internacional para o Desenvolvimento, EstugardaHohenheim.

103- Knowler,D.,& Bradshaw ,B.(2006).Farmer adaption of conservation agricultural :A review and precedent research, *Food policy,* In Press.

104- Karimian, N. (2000). Consequências do consumo excessivo de fertilizantes químicos fosfatados. Publicação n.º 12 do Instituto de Investigação do Solo e da Água do Irão. (Em persa).

105- Kirchmann,H. Thorvaldsson,G.(2000).Objectivos desafiantes para a agricultura do futuro. Jornal Europeu de Agronomia 12 (2000)145-161. ELSEVIER. Disponível em linha: www.elsevier.com/locate/eiar Lockeretz,W.(Ed). 1998.Future Horizons: Recent Literature in: Agricultura Sustentável. Volume6-Capítulo III Disponível em linha: www.nal.Usda.gooov/AFSIC/AFSIC PubsZsrb9902.htm

106- Karami, E., & Mansoorabadi, A. (2008). *Sustainable agricultural attitudes and behaviors: A gender analysis of Iranian farmers.* Environ. Dev. Sustainability, doi:10.1007/s10668-007-9090-7.

107- Khaledi , M.(2007). *Assessing the Barriers to Conversion to Organic Farming: An Institutional Analysis.* Tese de doutoramento, *Departamento de Economia Agrícola* da Universidade de Saskatchewan. 66pp.

108- Lenssen, A., G. Johnson, e G. Carlson. (2007). A sequência de culturas e o sistema de lavoura influenciam a produção de culturas anuais e o uso da água no semiárido de Montana, EUA. Field Crops Res. 100:32-43.

109- Linda M. Penalba ,.Merlyne M. ,Paunlagui Rowena dT. Baconguis, (2012)." *Mapeamento do Sistema de Inovação de Biofertilizantes: Constraints and Prospects to Enhance Diffusion"*, American-Eurasian J. Agric. & Environ. Sci., 12 (9): 1185-1195.

110- Llewellyn, R.S. (2007). *Information quality and effectiveness for more* rapid adoption decisions by farmers. Field Crops Research 104, 148-156.

111- Lahmar, R. (2010). Adoção da Agricultura de Conservação na Europa: Lições do Projeto KASSA. Land Use Policy, 27: 4-10.

112- Lammerts Van Bueren ET, Struik PC (2005).Integridade e direitos das plantas: Noções éticas na criação e propagação de plantas biológicas. Journal of Agricultural and Environmental Ethics 18: 479-493.

113- Liaghati, H. Mahmoodi, H, &Kamboozia, J.(2006). Overview of Organic farming Condition in the world, 9th Iranian Crop Science Congress, 27-29 Aug 2006: Tehran Aboreyhan University , pp60-74(In Faesi).

114- Mcginnis, M., Cooke, A., Bilderback, T., e Lorscheider, M.(2003). Fertilizantes orgânicos para a produção de manjericão em transplante. Ata Horticulture, 491: 213-218.

115- Malboobi M A, Behbahani M, Madani H, Owlia P, Deljou A, Yakhchali B, Moradi M e Hassanabadi H. (2009). Avaliação do desempenho de potentes bactérias solubilizadoras de fosfato na rizosfera da batata. *Jornal Mundial de Microbiologia e Biotecnologia.* 25:1479- 1484.

116- Mowo, J. G., Janssen, B. H., Oenema, O., German, L. A., Mrema, J. P. e Shemdoe, R. S. (2006). Soilfertility evaluation and management by smallholder farmer communities in northern Tanzania (Avaliação e gestão da fertilidade do solo por comunidades de pequenos agricultores no norte da Tanzânia). *Agriculture, Ecosystems and Environment,* v(116): 47-59.

117- Ministério da Agricultura, Florestas e Pescas do Japão (MAFF) (2000), "Principles of the environmental policy in agriculture, forestry and fisheries" (Princípios da política ambiental na agricultura, silvicultura e pescas). Em linha em ***http://www.maff.go.jp/eindex.html.***

118- MacInnis, B. (2004). Transaction Costs and Organic Marketing: Evidence from U.S. Organic Produce Farmers. Documento apresentado na reunião anual da AAEA de 2004, Denver, CO.

119- Nasir, S (2009). Modo sustentável de aumentar a produção agrícola. Agricultura e Alimentação; 2(65): 42-43.

120- Novak, P., J. Vopravil e J. Lagova. (2010). Avaliação da qualidade do solo como um complexo de potenciais produtivos e ambientais da função do solo. Soil & Water Res. 3: 113-119.

121- Nabhan, H., Mashali, A. M. e Mermut, A. R. (2007). Integrated soil management for sustainableagriculture and food security in Southern and East Africa. Rome: Organização das Nações Unidas para a Alimentação e a Agricultura.

122- Odendo, M., Obare, G., e Salasya, B. (2009). *Factores responsáveis pelas diferenças na adoção de práticas integradas de gestão da fertilidade do solo entre os pequenos agricultores do Quénia Ocidental.* Revista Africana de Investigação Agrícola. Volume 4 (11), pp. 1303-1311.

123- Pastorelly, D., Vera, M., Pilamunga, M., Izquierdo, L., Me^a, Y., Posligua, W., Zambrano, D., e Rodriguez, R. (2006). *Manual del cultivo del cacao.* Associação Nacional de Exportadores de Cacau (ANECACAO). Guayaquil. Equador, pp. 80.

124- Piorr,H.P.(2003). Política ambiental, indicadores agro-ambientais e indicadores paisagísticos. Agriculture,Ecosystems and Environments 98(2003) 17-33.

125- Pacheco, F. (2006). *Producción, utilización y algunos aspectos técnicos de los biofermentos.* Centro de Investigaciones Agronomicas de la Universidad de Costa Rica, pp. 18.

126- Patricia , A. Ordonez , S. (2010). Fatores determinantes de Bio - Ferillzer e Adoção Técnica para RehabilitaTta Cocoa Farms Variedade 'Nacional' em Guayas e Elor oprovilnces -Ecuador. Tese de doutoramento, Universidade de Ghent, no âmbito do programa europeu, 46 pp.

127- Padel, S.(2001).Conversão à agricultura biológica: um exemplo típico de difusão de uma inovação?Sociologica ruralis,41:40-61.

128- Quinga^sa, E. (2007). *Estudio de caso: Denominação de origem "Cacao*

Arriba". FAO, IICA, Quito, Equador.

129- Robalino, H. (2011). *Evaluacion de la actividad nutricional y biologica de diferentes formulaciones de biofertilizantes liquidos fermentados y la respuesta a su aplicacion en cultivos de arroz (Oriza sativa) y maiz (Zea mays).* Tesis de maestria, Guayaquil. Equador, 58 pp.

130- Rajendran S (2004). Non-Governmental Organization and Sustainable Agriculture Development in India, documento apresentado na Sexta Conferência Internacional da ISTR, realizada na Universidade Ryerson, Toronto, Canadá, de 11 a 14 de julho de 2004.

131- Shimon, M., T. Tirosh, e B.R. Glick. (2004). As bactérias promotoras do crescimento das plantas conferem resistência ao stress salino no tomateiro. Fisiologia e Bioquímica de Plantas. 42:565-572.

132- Saka, J. O., Okoruwa, V. O., Lawal, B. O., & Ajijola, S. (2005). Adoção de variedades melhoradas de arroz entre os pequenos agricultores do sudoeste da Nigéria. *Revista Mundial de Ciências Agrícolas,* 1(1), 42-49.

133- Sreedevi, T. K, Penny,J. Miller,G. (2005). Avaliação participativa pelos agricultores do bagaço de sementes *de Pongamia* como fonte de nutrientes para as plantas na gestão integrada de nutrientes. Patancheru 502 324, Andhra Pradesh, Índia: Instituto Internacional de Pesquisa de Culturas para os Trópicos Semi-Áridos.

134- Sharma, P., Asztalos, Z., Ayyub, C., De-Bruyne, M., Dornan, A. J., Gomez-Hernandez, A., Keane, J., Killeen, J., Kramer, S., Madhavan, M., Roe, H., Sherkhane, P. D., Siddiqi, K., Silva, E., Carlson, J. R., Goodwin, S. F., Heisenberg, M., Krishnan, K., Kyriacou, C. P., Partridge, L., Riesgo-Escovar, J., Rodrigues, V., Tully, T., & O'Kane, C. J. (2005). Isogenic autosomes to be appliedin optimal screening for novel mutants with viable phenotypes in Drosophil melanogaster. *Jornal of Neurogenet,* 19(2), 57-85.

135- Sharifi,O., Sadati.S.A., Rostami Ghobadi,F., Mohamadi.Y.(2010). Barreiras à conversão para a agricultura biológica: Um estudo de caso no condado de Babol, no Irão. Jornal Africano de Investigação Agrícola. Vol. 5(16), pp. 22602267 pp.

136- Stone house, D. P. março de 2003. Uma abordagem de sistemas holísticos para abordar questões de sustentabilidade no sector agroalimentar. In: The Journal of Agricultural Education and Extension. Vol. 9. No.1. pp.

137- Sheram A. ,Soubbotina p. Beyond economic growth , The world Bank , Washington D.C,(2000).

138- Suarez, M. (2009). *Caracterizacion de un compuesto orgdnico producido en forma artesanal por pequenos agricultores en el departamento de Magdalena.* Mestrado em Ciências Agrárias com ênfase em suelos, pp 93. Santa Marta, Colômbia.

139- Shabd. S. Acherya .(2009). Segurança alimentar e agricultura indiana: desempenho político e ambiente de marketing. *Agricultural Economics Research Review.Pp.22,1-19.*

140- Tohidi Moghadam, H., Sani, B., Sharifi, M., e Ghooshchi, F. (2004). Efeitos da fixação de azoto e das bactérias solubilizadoras de fosfato em algumas das caraterísticas quantitativas da soja *(Glycine max* L.). Pp. 148. In: Actas do 8th Congresso Iraniano de Ciências Agrícolas. Rasht, Irão. (Em persa).

141- Tanwar, S. P. S., Sharma, G. L., e Chahar, M. S. 2002. Effects of phosphorus and bio fertilizers on the growth and productivity of black gram. Annuals of Agricultural Research 23 (3): 491-493.

142- Tiwari, K.R., Brishal, K., Situala, I., e Paudel, G.S. (2008). *Determinantes da adoção pelos agricultores de tecnologias melhoradas de conservação do solo numa bacia hidrográfica de montanha média do Nepal Central.* Environmental Management. Volume 42. Número 2, pp. 210-222.

143- Urushadze Tengizz, F. (2002). O solo no espaço e no tempo: realidades e desafios para o século XXI. Tailândia: Key book of 17th WCSS.

144- UNESCO. 2005. Agricultura, educação para o desenvolvimento sustentável, Disponível em: http://www. unesc.org/education/desd.

145- Yomg-Hak, K., B. Bae, e Y. Choung (2005). Otimização da remoção biológica de fósforo de sedimentos contaminados com microorganismos solubilizadores de fosfato. Journal of Bioscience and Bioengineering. 99(1):23-29.

146- Wu, S., Caob, Z., Lib, K., Cheunga, C. e Wong, M.H. 2005. Efeitos do biofertilizante contendo N-fixer, P e K solubilizados e fungos AM no crescimento do milho: um ensaio em estufa. *Geoderma.* 125: 155-166.

147- Banco Mundial. (2005). *Agriculture investment sourcebook.* (1.ª ed.). Washington DC, Banco Mundial. ISB: 0-8213-6085x. Recuperado de http://www.worldbank.org/agsourcebook.

148- Worthley.T., Sheftall .W., Rashash.D.(2008). Educação para uma vida sustentável: Um Apelo a Toda a Extensão .http//:wwwjoe.org.

149- Violante, H. e Portugal, O. (2007). Alternância da qualidade do fruto do tomateiro pela inoculação radicular com rizobactérias promotoras do crescimento de plantas (PGPR): Bacillus subtilis BEB-13bs. Sciatica Horticulture., 113: 103106.

150- Verhoog H, Matze M, Lammerts Van Bueren ET, Baars T (2003). O papel do conceito de natural (naturalidade) na agricultura biológica. Jornal de Ética Agrícola e Ambiental 16: 29-49

151- Zarabi,M., Alahdadi,I., Akbari,G.A.(2011). Um estudo sobre os efeitos de diferentes combinações de biofertilizantes no rendimento, seus componentes e índices de crescimento do milho *(Zea mays* L.) em condições de stress hídrico. Jornal Africano de Investigação Agrícola Vol. 6(3), 681-685 pp.

152- Zimdahl RL .(2000). Ensino da ética agrícola. Journal of Agricultural and Environmental Ethics 13: 229-247.

153- Zaied .K.A., Abd El-Hady .A.H., Afify. Aida.H. e Nassef. M.A.(2003). Yield and Nitrogen Assimilation of Winter Wheat Inoculated with New Recombinant Inoculants of Rhizobacteria (Rendimento e assimilação de azoto do trigo de inverno inoculado com novos inoculantes recombinantes de rizobactérias). Pakistan Journal of Biological Sciences 6 (4): 344-358.

Printed by Books on Demand GmbH, Norderstedt / Germany